Lidiia S. Hryniv

Macroeconomia física: Novos Modelos para a Preservação da Terra

Lidiia S. Hryniv

Macroeconomia física: Novos Modelos para a Preservação da Terra

Novas abordagens para a conservação da produtividade da superfície terrestre e formação de uma política climática local

ScienciaScripts

Imprint
Any brand names and product names mentioned in this book are subject to trademark, brand or patent protection and are trademarks or registered trademarks of their respective holders. The use of brand names, product names, common names, trade names, product descriptions etc. even without a particular marking in this work is in no way to be construed to mean that such names may be regarded as unrestricted in respect of trademark and brand protection legislation and could thus be used by anyone.

Cover image: www.ingimage.com

This book is a translation from the original published under ISBN 978-620-7-80875-5.

Publisher:
Sciencia Scripts
is a trademark of
Dodo Books Indian Ocean Ltd. and OmniScriptum S.R.L publishing group

120 High Road, East Finchley, London, N2 9ED, United Kingdom
Str. Armeneasca 28/1, office 1, Chisinau MD-2012, Republic of Moldova, Europe
Printed at: see last page
ISBN: 978-620-7-92064-8

Lidiia Hryniv

Macroeconomia física: Novos Modelos para a Preservação da Terra

Introdução

Atualmente, a taxa de perdas resultantes das alterações climáticas é significativamente superior à taxa de crescimento económico global. Por exemplo, com um crescimento médio anual do produto mundial bruto de 5%, as perdas anuais resultantes de alterações naturais aumentam quase 30%. Simultaneamente, o volume da produção fotossintética terrestre diminui devido à elevada intensidade espacial da natureza da economia global. A economia compete com a natureza, uma vez que ocupa cada vez mais nichos que deveriam pertencer às populações naturais.

Todos estes problemas, que têm de ser resolvidos, exigem o desenvolvimento de alguns postulados da nova teoria macroeconómica física como um domínio da ciência económica fundamental.

Em primeiro lugar, o objeto de investigação da análise macroeconómica já não pode ser apenas os sistemas económicos, dada a estreita interdependência entre as alterações naturais (climáticas) e as flutuações económicas. Hoje em dia, é especialmente relevante aprender a prevenir as alterações naturais negativas relacionadas com as actividades antropogénicas. Para o efeito, é necessário encontrar métodos que permitam a comensuração das avaliações biofísicas e de valor.

Em segundo lugar, o funcionamento da economia no âmbito do ecossistema global, caracterizado por capacidades limitadas de produção de água potável e de produtos da fotossíntese terrestre, exige uma revisão dos modelos macroeconómicos. Estes modelos devem basear-se nas regularidades do desenvolvimento dos processos naturais em cada área local. Uma vez que a sua cobertura biogeocenótica transformada antropogenicamente pode causar um impacto negativo nas condições climáticas locais.

Em terceiro lugar, nas actuais condições de declínio da produtividade biológica dos ecossistemas da biosfera, a economia não pode limitar-se a desempenhar apenas a função de produção. A função mais crucial para a economia é a preservação do capital espacial da Terra dentro de cada sistema ecológico-sócio-económico (ESES).

No entanto, a situação atual de instabilidade macroeconómica confirma que as flutuações da atividade dos agentes económicos nem sempre são determinadas pelos ciclos económicos. Os fenómenos e processos de crise estrutural, que ganham cada vez mais força, dependem de várias mudanças nas esferas ecológica, energética e outras. As alterações do sistema climático, por exemplo, têm um impacto significativo no desenvolvimento dos fenómenos de crise estrutural. Levam a uma diminuição substancial da fertilidade natural da superfície terrestre, reduzindo particularmente os níveis de produtividade nos ecossistemas de diferentes paisagens. Este facto, por sua vez, contribui para processos inflacionistas a longo prazo.

De um modo geral, os fenómenos de crise estrutural provocados por alterações naturais (climáticas) perturbam a dinâmica dos parâmetros macroeconómicos, tendo na sua maioria um carácter prolongado e provocando desproporções significativas na economia, não promovendo assim o seu desenvolvimento sustentável.

A redução da produtividade fotossintética da superfície terrestre, que já está a acontecer, conduzirá, num futuro próximo, a uma diminuição dos fluxos de recursos naturais provenientes de vários sistemas ecológicos terrestres para a economia, sob a forma de matérias-primas, materiais e outros fluxos de apoio.

Ao mesmo tempo, de acordo com as leis de V. Vernadsky relativas à biosfera, a fertilidade natural da superfície terrestre pode funcionar como um multiplicador natural, criando um valor acrescentado primário que tem uma origem natural e não social. A economia deve encará-la como um subsídio ou um investimento natural adicional que impulsiona o seu desenvolvimento na biosfera terrestre. Se esta função diminui, indica processos negativos na base energético-material da fotossíntese desse território. A produtividade do capital espacial da Terra, como elemento importante do capital natural, diminui, reduzindo assim o potencial de reprodução da película da vida nessa área. E quanto mais áreas desse tipo existirem na biosfera terrestre, maior será o risco de alteração das condições climáticas locais. Por conseguinte, as alterações na cobertura biogeocenótica dos ecossistemas paisagísticos devem ser objeto de regulamentação. É igualmente necessário reduzir a pressão antropogénica-tecnogénica sobre a superfície da Terra para evitar perturbações da estabilidade dos sistemas ecológicos terrestres. Neste contexto, a monitorização contínua do estado dos ecossistemas terrestres antropogenicamente alterados é um importante instrumento de regulação. A regulação eficaz da atividade económica sustentável na superfície da Terra, tendo em conta a capacidade ecológica e a escala admissível de exploração dos recursos bióticos, constitui uma base para a prevenção de alterações no clima local e a preservação da Terra.

A implementação de um tal sistema de regulação terá um impacto positivo no estado de reprodução da película da vida.

1.1. Sistemas Ecológico-Sócio-Económicos (SEE) da Terra como objeto de investigação e modelização na Macroeconomia Física Moderna

A macroeconomia física moderna, como uma nova direção na ciência da sustentabilidade, interpreta a economia global numa dimensão espacial como parte do sistema ecológico-sócio-económico global (ver Fig.). Os sistemas ecológico-sócio-económicos (SSE) da Terra são entidades holísticas nas quais os processos naturais e socioeconómicos interagem em coordenadas espaciais e temporais. É a perceção holística dos ESES que permite a implementação de uma abordagem sistemática para investigar a interação entre a economia da sociedade e a economia da natureza. O principal objetivo do desenvolvimento sustentável em tais sistemas é a obtenção máxima de sincronia (ressonância) entre estas economias.

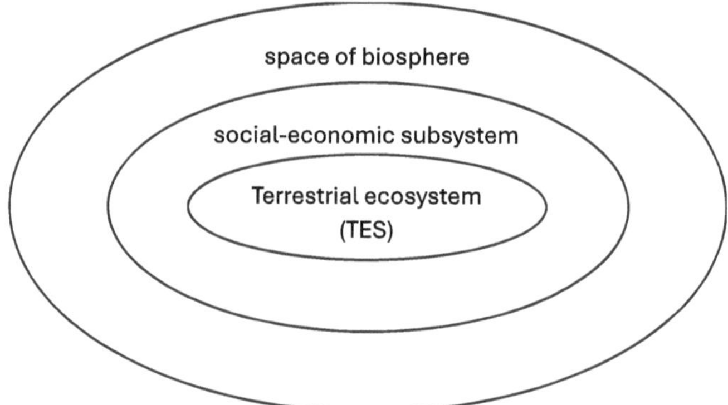

Fig. 1.1.1 Estrutura da ESES

Cada ESES, do estado de sistema aberto, interage com o ambiente natural circundante, trocando várias formas de energia e entropia. O subsistema natural do ESES funciona como outros sistemas naturais, graças à ação do campo de força solar que, juntamente com a energia, lhe fornece um certo nível de negentropia.

O objetivo da gestão da sustentabilidade de um sistema eco-socio-económico é a otimização do seu funcionamento, alcançável através da modelização da sua evolução com base num estudo qualitativo das inter-relações entre os processos naturais e socio-económicos no espaço da biosfera terrestre.

Cada sistema eco-socio-económico tem um objetivo principal - preservar a eficiência energética das biogeocenoses no ecossistema terrestre (TES). Ou seja, o influxo de energia do Sol é equilibrado pela perda de energia, como a radiação infravermelha, para a parte residual do Universo. Isto indica que a entropia estabelecida no subsistema natural do ESES é inicialmente estável.

Por outro lado, a segunda lei da termodinâmica prevê que a entropia real em combinações fora do equilíbrio (neste caso, entre o subsistema natural e o subsistema socioeconómico) aumenta. O aumento por unidade de tempo é designado por produto de entropia e_n. Estas duas afirmações implicam que a diferença de entropia P_O diminui. Por conseguinte, se P_O = 0, é impossível um processo de equilíbrio. Neste caso, o sistema eco-socio-económico é inteiramente dependente do subsistema natural, uma vez que, de acordo com a lei da termodinâmica, nada vem do nada. Isto confirma a necessidade de alinhar a atividade económica de cada ESE com a capacidade de carga do seu TES.

Se o nível de entropia no SEE exceder o influxo anual de energia do exterior através de P_o, significa que este sistema eco-socio-económico está a degradar-se porque perde energia física (ou seja, ordem e estrutura). Se o influxo anual exceder a produção anual de entropia, ocorre uma mudança: os parâmetros de energia física (ordem e estrutura) aumentam e, portanto, a eficiência potencial do sistema aumenta [80;98].

Assim, em cada sistema eco-socio-económico, P_o serve como regulador da permeabilidade do sistema. Por exemplo, nos sistemas eco-socio-económicos recreativos, este indicador pode ser utilizado para projetar o volume dos fluxos recreativos, etc. Todos os anos, estes sistemas efectuam vários "trabalhos" sobre a saúde da população, o que pode alterar o nível de P_0 . Assim, o fluxo de energia em Po, durante um certo período de tempo, é influenciado e transformado no fluxo N_6 n. Este é o fluxo de energia que constitui uma verdadeira condição prévia (fator) para a implementação de actividades económicas do SEE que não reduzam a sua capacidade natural de reprodução.

A equação de equilíbrio de P_0 ao longo do tempo pode ser representada, mostrando a condição de eficiência máxima da ESES.

$$\frac{dPo}{dt} = N_{\mathbf{B}_n} - e_n,\tag{1.1.1}$$

em que N_6 n é o fluxo de negentropia do exterior;

e_n é o produto de entropia do sistema.

Por conseguinte, termodinamicamente, os critérios de estabilidade (equilíbrio) dos sistemas eco-sócio-económicos são bastante simples. O sistema é viável se o nível do produto da entropia durante um ano não for superior (pode ser igual) à norma média do fluxo N_6 n de P_0 - P_0 , que é uma fonte universal da sua existência. O subsistema natural do ESES está aberto não só ao ambiente natural circundante, mas também ao subsistema socioeconómico, que, nos processos de utilização dos recursos naturais, cria determinados produtos finais. Dependendo do regime de utilização dos recursos naturais, que pode mudar continuamente, há flutuações no nível de negentropia neste subsistema, afectando a quantidade de energia livre no subsistema natural e, portanto, a sua eficiência.

Assim, os subsistemas naturais dos sistemas eco-socio-económicos são influenciados tanto pelo sistema macroscópico (o ambiente) como pelo subsistema socioeconómico. A eficiência do subsistema socioeconómico do SEE depende da eficiência (capacidade) do

subsistema natural. Como mencionado anteriormente, o trabalho no ESES
é realizado devido à energia livre cumulativa, que é determinada por:

$$F = E + \text{T}\sigma - TSR , \qquad\qquad (1.1.2)$$

onde E é a energia interna do ESES ou a energia determinada pelo
potencial de recursos naturais,

$\text{T}\sigma$ - negentropia do sistema;

TS_R - entropia do sistema, causada pelo trabalho biofísico e
económico do sistema.

Uma vez que a eficiência da ESE depende do stock de energia livre,
é crucial determinar as condições para garantir esse stock. Em primeiro
lugar, é necessário que $|F| > |E|$. Esta condição pode ser satisfeita através
da reposição de energia proveniente do contacto com o meio envolvente
em regime favorável à atividade económica. Cargas antropogénicas
excessivas, "pressionando" as paisagens naturais, podem levar à sua
degradação e a danos ecológicos, sempre associados a uma redução do
nível de negentropia do ESES. Assim, um maior nível de organização e
desenvolvimento de cada sistema eco-socio-económico pode ser
alcançado através da criação de negentropia adicional. A sustentabilidade
(estabilidade) do "orçamento" de negentropia do sistema natural é a base
da lei de conservação da biomassa na Terra de V. Vernadsky.

Ao mesmo tempo, a estabilidade da biomassa é a base para o
fornecimento sustentável de energia de alta qualidade (orçamento
negentrópico) para uma unidade de território. É dentro dos limites do
território local (mesolevel) que se desenvolvem as actividades de
produção humana, através das quais este orçamento negentrópico pode
acumular-se ou dissipar-se. Por conseguinte, a abordagem noosférica
implica o estudo da estabilidade desde o nível meso até ao nível macro.
Cada território tem a sua temperatura e outras caraterísticas que
determinam a taxa de troca de calor com o ambiente natural. Isto levou o

cientista alemão J. Mayer à ideia da equivalência entre calor e trabalho mecânico. É por isso que a solução para os problemas metodológicos do desenvolvimento ambientalmente equilibrado deve ser procurada ao nível dos sistemas eco-sócio-económicos espaciais (ESES).

Para nós, o ambiente é a parte de Y que está em contacto direto com o subsistema socioeconómico X. Referimo-nos ao nível inferior da atmosfera, às águas superficiais, aos solos, aos depósitos de água mineral, etc. Assim, apenas investigamos as mudanças no ambiente local que estão diretamente relacionadas com as influências do subsistema X. A combinação XY (sistema eco-socio-económico) não é isolada ou fechada em termos termodinâmicos; a sua interação com o resto do Universo ocorre através de fluxos de energia constantes e equilibrados. Assim, o sistema eco-socio-económico XY a nível micro entra na região $X\,Y_{11}$ e assim por diante, até ao Universo.

Considerando a fórmula (1.2), o capital espacial da superfície terrestre para cada EES é interpretado como um estoque (ações) de energia livre F, que, dependendo do estado de ordem energética acumulada (σ) e da desordem (S), forma o potencial de sua eficiência. Neste contexto, podemos falar da proposta ambiental do ESES Y_n como uma função da produtividade do capital natural na Terra:

$$Y_n = f\,(K_n) = f(F) = f\,(E + T\sigma - T_{SR}).\tag{1.1.3}$$

A condição para o desenvolvimento ambientalmente equilibrado (sustentável) da ESES será, então, a seguinte

$$T\sigma \geq T_{SR}\tag{1.1.4}$$

Tendo em conta o conceito de desenvolvimento sustentável, o principal objetivo da ESES é preservar a sua energia livre. Assim, a atividade económica deve ter como objetivo o cumprimento da condição (1.1.4). Os biofísicos sabem que os processos irreversíveis na natureza ocorrem quando o ESES perde a capacidade de se auto-reproduzir através da auto-organização. A partir desse momento, as tendências de desenvolvimento negentrópico transformam-se em tendências entrópicas. A partir deste ponto, cada ESES perde gradualmente a capacidade de se regenerar e de complicar a sua estrutura. Além disso, a ESES também perde a capacidade de voltar ao seu estado original, levando a uma maior redução da sua "atividade de trabalho". A redução do húmus nos solos dos sistemas agro-ecosocioeconómicos, como resultado do aumento da entropia, leva a uma diminuição significativa da sua produtividade. E a diminuição do teor de substâncias orgânicas nas águas minerais medicinais reduz significativamente a eficácia médica da sua utilização e, por conseguinte, a eficiência económica dos sistemas eco-socio-económicos recreativos.

Por conseguinte, a diminuição da eficiência dos sistemas eco-socio-económicos devido ao aumento da entropia, decorrente de cargas antropogénicas excessivas, é um processo irreversível que conduz a uma maior redução da sua estabilidade.

O objetivo tradicional da atividade económica é a maximização da produção (output) durante um certo período em termos de dinheiro. No entanto, em nossa opinião, é finalmente necessário exigir que essa maximização seja subordinada à limitação de minimizar a entropia potencial associada à mudança na estrutura do espaço local do TES em cada sistema eco-socio-económico.

O estado de equilíbrio ambiental de cada ESE, na perspetiva da economia física, é caracterizado por algumas identidades mesoeconómicas que indicam as relações dos macro-indicadores-chave quando se alcança o equilíbrio ecológico em sistemas de gestão espacial da natureza. Entre as principais estão:

- custos ecológicos - receitas ecológicas;

- "investimentos" de negentropia - guardar esses "investimentos";

- o volume de consumo de energia livre → o volume da sua poupança.

Por conseguinte, a preservação da ESES exige a introdução de uma coordenada espacial na análise físico-económica. Através do estudo da organização espacial dos processos e fenómenos da natureza-sócio-económicos, é possível abordar o equilíbrio dos interesses da natureza e da economia.

Em termos termodinâmicos, os ESES são sistemas abertos (biofísicos), no centro dos quais se encontram os NES como sistemas paisagísticos, que, durante o seu funcionamento, passam por numerosos estados de não-equilíbrio, acompanhados de alterações correspondentes nos parâmetros termodinâmicos do seu desenvolvimento.

As alterações de entropia em cada um deles podem ocorrer quer através dos processos de troca do sistema com o ambiente externo (deS), quer no interior do próprio sistema devido a alterações internas irreversíveis (diS).

A troca geral de energia dos organismos terrestres no TES pode ser simplificada como a formação de moléculas complexas de compostos orgânicos a partir do dióxido de carbono e da água na fotossíntese. Esta troca de energia assegura a existência e o desenvolvimento de organismos individuais como elos do ciclo energético e da vida na Terra como um todo. Deste ponto de vista, a redução da entropia nos sistemas vivos durante as suas actividades vitais é, em última análise, determinada pela absorção de quanta de luz pelos organismos fotossintéticos, que, no entanto, é compensada com o excedente pela formação de entropia positiva (negentropia δ) nas reacções nucleares no Sol. Este princípio aplica-se também aos organismos individuais, para os quais o influxo de nutrientes do exterior, transportando um fluxo de negentropia, é sempre proporcional à produção de negentropia quando são formados noutros pontos do espaço no ambiente natural externo. Assim, a variação global da entropia no sistema "organismo - ambiente natural externo" é sempre positiva.

A redução da entropia nos sistemas vivos durante o consumo de produtos alimentares e de energia solar conduz simultaneamente a um aumento da sua energia livre e, consequentemente, a um aumento da sua eficiência global.

Ao mesmo tempo, a taxa de emergência de entropia no TES a uma temperatura e pressão constantes é proporcional à taxa de diminuição do seu potencial termodinâmico ($-d\delta<0$) em cada ponto do espaço. Isto confirma o conceito de determinismo espacial no funcionamento dos sistemas eco-socio-económicos.

Neste contexto, estamos a falar de um paradigma qualitativamente novo de organização espacial do desenvolvimento económico sustentável, baseado na consideração dos factores espaciais na criação de valor acrescentado primário e na preservação da função biofísica do capital natural.

Assim, o estado ambientalmente sustentável de cada EES pode ser considerado um estado a que este regressa de acordo com as suas próprias regularidades internas, reproduzindo constantemente os parâmetros do seu subsistema natural e assegurando estados estáveis do seu funcionamento.

Na estrutura de cada ESES, distinguem-se tradicionalmente três subsistemas principais - natural (ecossistema terrestre), antropogénico (socioeconómico) e externo - subsistema natural, funcionalmente com três blocos e com o seguinte aspeto "ecossistema natural terrestre - população - tecnosfera (economia) - natureza". A tecnosfera inclui objectos industriais, de engenharia, de comunicação, económicos e outros. O subsistema natural terrestre é constituído por componentes como: rochas das montanhas, relevo da superfície terrestre, solos, vida vegetal e animal, águas superficiais e subterrâneas, ar atmosférico.

O eco-socio-sistema inclui também o antropo-sistema. Nos antropo-sistemas, o elemento central é a comunidade biossocial (etnia), que é considerada na totalidade das relações com um ambiente relativamente homogéneo. As comunidades humanas biossociais são caracterizadas por uma determinada estrutura social e por caraterísticas da etno-cultura, que moldam a sua cultura ambiental.

Assim, os sistemas eco-socio-económicos são objectos integrais nos quais os processos naturais e socio-económicos funcionam e interagem em coordenadas espaciais e temporais, flutuando (mudando) constantemente (1.1.2).

Os elementos do ESES que mais interagem entre si formam novas conexões de natureza funcional, e a sua totalidade forma as caraterísticas da sistematicidade. Por conseguinte, é possível distinguir o ambiente social e etnocultural, o ambiente biótico e abiótico, bem como o ambiente externo local-natural e quase-natural.

Uma caraterística distintiva dos EES é a sua dependência funcional de factores naturais externos. Estes factores desempenharam um papel decisivo na formação de cada EES, ao contrário dos sistemas eco-económicos em que o subsistema socioeconómico é inicialmente formado como o núcleo, sendo depois o seu ambiente local considerado um subsistema ecológico.

A matéria, a energia e a bioinformação que entram nos ESES a partir do exterior influenciam não só o subsistema natural mas também a sua tecnosfera. Observam-se fortes dependências entre o estado qualitativo da tecnosfera do ESES e a eficiência da utilização de materiais e energia, por um lado, e entre a estabilidade do ESES e a capacidade de regular o ciclo energético e material de forma direcionada, aproximando-se de um ciclo ecológico fechado - por outro. No entanto, o fator decisivo no funcionamento do ESES é o capital espacial da Terra, uma vez que a capacidade fotossintética do potencial biogeocenótico do TES (de acordo com V. Vernadsky), que determina o potencial de assimilação do seu subsistema natural, tem uma definição espacial clara [91].

Assim, cada ESES incorpora o aspeto territorial das relações naturais e socioeconómicas existentes no estado, na região e no mundo.

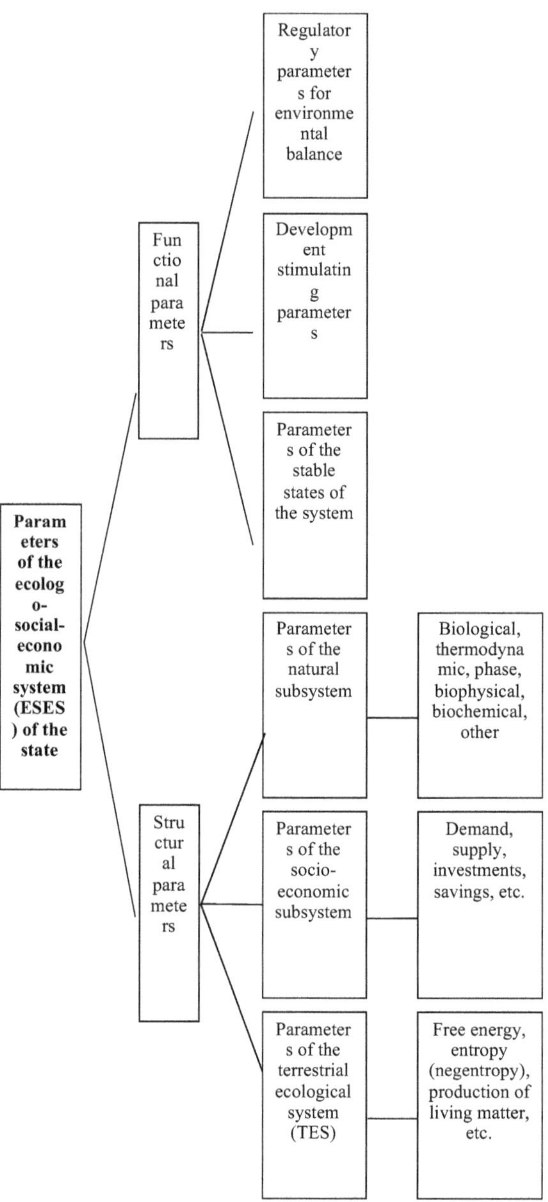

Fig. 1.1.2. Estrutura dos parâmetros do sistema eco-social-económico (ESES) do Estado.

O paradigma da integridade eco-socio-económica de cada economia nacional, na nossa opinião, deve basear-se na aceitação teórico-filosófica do conceito de geografia unificada, a inter-relação objetiva dos processos e fenómenos naturais, sociais e económicos que convergem numa área territorial específica. Ao mesmo tempo, isto implica um acordo sobre a existência de leis, comuns à natureza, à economia e à sociedade, que moldam o espaço da biosfera.

Os elementos do ESES que mais interagem entre si formam novas conexões de natureza funcional, e a sua totalidade forma as caraterísticas da sistematicidade. Por conseguinte, é possível distinguir o ambiente social e etnocultural, o ambiente biótico e abiótico, bem como o ambiente externo local-natural e quase-natural.

Uma caraterística distintiva dos EES é a sua dependência funcional de factores naturais externos. Estes factores desempenharam um papel decisivo na formação de cada EES, ao contrário dos sistemas eco-económicos em que o subsistema socioeconómico é inicialmente formado como o núcleo, sendo depois o seu ambiente local considerado um subsistema ecológico.

A matéria, a energia e a bioinformação que entram no ESES a partir do exterior influenciam não só o subsistema natural mas também a sua tecnosfera. Observam-se fortes dependências entre o estado qualitativo da tecnosfera do ESES e a eficiência da utilização de materiais e energia, por um lado, e entre a estabilidade do ESES e a capacidade de regular o ciclo energético e material de forma direcionada, aproximando-se de um ciclo ecológico fechado - por outro. No entanto, o fator decisivo no funcionamento do ESES é o capital espacial da Terra, uma vez que a capacidade fotossintética do potencial biogeocenótico do TES (de acordo com V. Vernadsky), que determina o potencial de assimilação do seu subsistema natural, tem uma definição espacial clara [89].

Assim, cada ESES incorpora o aspeto territorial das relações naturais e socioeconómicas existentes no estado, na região e no mundo.

O paradigma da integridade eco-socio-económica de cada economia nacional, na nossa opinião, deve basear-se na aceitação teórico-filosófica do conceito de geografia unificada, a inter-relação objetiva dos processos e fenómenos naturais, sociais e económicos que convergem numa área territorial específica. Ao mesmo tempo, isto implica um acordo sobre a existência de leis, comuns à natureza, à economia e à sociedade, que moldam o espaço da biosfera.

Como é que podemos fundamentar estas leis? Talvez, derivando das regularidades dos processos de troca no subsistema natural terrestre, pois ele é a fonte primária de "trabalho" para o subsistema socioeconómico de cada ESES. O subsistema natural do sistema eco-socio tem a sua "economia" baseada num mecanismo de trocas coordenadas que existe devido à harmonia entre a procura da natureza do território local por este tipo de energia e substância, que tem conteúdo energético e a sua oferta de biomassa. É fundamental que a atividade económica do subsistema socioeconómico da ESES esteja em sintonia com a oferta biofisicamente admissível do seu subsistema natural terrestre. Esta deve ser a base do modelo físico-económico de gestão ambientalmente sustentável.

Cada região ou país, para além da função de produção de bens económicos, deve assegurar a função de preservação do capital natural, o que se deve refletir nos indicadores meso e macroeconómicos. Esta é, na nossa opinião, a principal condição para evitar novos problemas ambientais. No entanto, através de que mecanismo é possível a introdução de uma nova função da economia espacial? Para responder a esta questão, é aconselhável explorar mais aprofundadamente o conceito de "integridade eco-socio-económica".

Consideramos que cada economia nacional, enquanto ESES, constitui a integridade do ambiente natural terrestre, que é um ambiente definido pela paisagem, um ambiente material-tecnogénico criado pela atividade económica humana e pela sociedade. O que é que existe nestes ambientes? É óbvio que cada ESES é determinado espacialmente, pelo que a sua integridade não é possível sem o seu fundamento primário - a integridade territorial.

Cada ESE funciona essencialmente graças à energia solar, sem a qual a vida é impossível e, portanto, a atividade económica. Assim, todo o conjunto de recursos naturais e de bens ecológicos pode ser caracterizado, em nossa opinião, como stocks ou fluxos de energia solar "útil" realizada, que se concretiza em bens económicos.

Assim, o ESES pode ser interpretado como um processador de energia, no sentido em que uma grande quantidade de energia física proveniente do espaço para o seu subsistema natural terrestre é transformada numa quantidade menor de energia simbólica de grau superior - o produto final (devido a alguma dispersão no processo de produção de energia física).

O curso de todos os processos e fenómenos naturais é o resultado de um certo orçamento energético do território (de acordo com S. Podolynsky), no qual está localizado, que determina a sua "capacidade de produção" natural para a atividade económica [77]. Isto leva à ideia de que cada ESE tem as suas próprias leis de desenvolvimento, que são essencialmente diferentes das leis de desenvolvimento de sistemas naturais ou económicos isolados.

O subsistema socioeconómico da ESES desempenha uma função de produção que, de acordo com o modelo de Leontief, é definida por parâmetros como o capital, o trabalho, a tecnologia e modificada pela função de desenvolvimento sustentável. Estes determinam vários fluxos e forças (monetários, de mercadorias, de informação) dentro dos limites deste subsistema. Os processos, fluxos e alterações de forças no subsistema natural do SEE são influenciados por variáveis como o volume do seu potencial de recursos naturais, o capital natural, a sua capacidade, estrutura, biodiversidade, biomassa total e o seu potencial energético, bem como a entropia. Estes parâmetros incluem a temperatura, a humidade, etc.

Os valores dessas variáveis são diferenciados em diferentes pontos espaciais, pois o capital natural é formado em função dos mecanismos de troca da natureza, que são sempre claramente localizados espacialmente.

Se os valores das variáveis do subsistema socioeconómico da ESES, denotados por c_1; c_2; ..., c_n, forem traçados nos eixos de coordenadas rectangulares num espaço n-dimensional, então cada estado deste subsistema será descrito por um determinado ponto M neste espaço com coordenadas M $(c_1, c_2, ..., c_n)$, que será o seu ponto estacionário ilustrativo. Os valores das variáveis c_1, c_2, ..., c_n dependem de um ponto específico no espaço num dado momento no tempo. Cada território local é caracterizado pela especificidade da sua organização natural, determinando os parâmetros quantitativos e qualitativos do seu capital natural, cada elemento do qual desempenha um papel claro nos processos económicos. A mudança de estado do subsistema natural é equiparada ao movimento do ponto M no espaço n-dimensional, que pode ser chamado de espaço de fase, pois tem a capacidade de descrever as propriedades qualitativas do seu comportamento. Portanto, a localização espacial de qualquer economia pode ser descrita através de outro modelo quando os valores das variáveis diferem em diferentes pontos espaciais. Neste caso, a taxa de mudança nos processos será determinada não só pelo aparecimento ou desaparecimento de certas combinações de variáveis c_1, c_2, ..., c_n, mas também pelo resultado dos processos de difusão que surgem como resultado da interação do TES com o ambiente natural externo.

Por exemplo, a atividade económica relacionada com a utilização de terras agrícolas é determinada não só por factores sociais ou económicos (tais como investimentos, poupanças, etc.), mas também pelas condições do ambiente local (caraterísticas da temperatura, variáveis meteorológicas, propriedades qualitativas de vários recursos da terra, etc.). Por conseguinte, num sistema agro-social deste tipo, a taxa de alteração das concentrações c_i depende não só dos processos económicos, mas também da coordenada espacial dos processos naturais. De acordo com as leis da biofísica, a "economia" do subsistema natural da ESES é caracterizada pela estabilidade inicial da organização biofísica, que sofre influências tanto do subsistema socioeconómico como do ambiente externo. Esta complexa cadeia de interdependências é decisiva para garantir o desenvolvimento equilibrado da ESES. A eliminação de qualquer elemento desta cadeia de interdependências pode conduzir a processos irreversíveis na natureza. Assim, pode dizer-se que os subsistemas naturais locais do SES, funcionando através de processos energéticos, são termodinâmicos por natureza e têm a capacidade de criar e manter um elevado nível de ordem interna, ou seja, um estado com elevada negentropia (ordenação). Isto deve-se ao facto de possuírem uma certa organização estrutural-funcional que é inicialmente estável e se encontra na heterogeneidade dinâmica dos processos básicos do metabolismo, biogeocenose, fitocenose, etc.

Esta organização estrutural-funcional é caracterizada por uma diferenciação significativa em diferentes pontos espaciais. Por isso, pode-se argumentar que as interações dos processos naturais e socioeconómicos dependem funcionalmente da localização espacial do potencial de ordenação. Nestas condições, as mudanças nos fenómenos económicos

não serão determinadas apenas pelas interações das variáveis c_1, c_2, ...,
c_n, e as mudanças nos fenómenos naturais não se limitarão às influências
de , $\overline{c_1}$ $\overline{c_2}$, ..., $\overline{c_n}$, uma vez que se observam processos de difusão mútua
destes processos e fenómenos, conduzindo a novas propriedades do ESES.

Os processos naturais ocorrem tanto em condições de aumento da
entropia como em condições de auto-organização dos sistemas, ou seja,
da sua diminuição. O estudo dos sistemas naturais indica que a energia, a
matéria e a bioinformação são os principais atributos do Universo e podem
existir sob a forma de formações estruturais, campos ou micropartículas
(ondas). Com base na lei da conservação da energia (a primeira lei da
termodinâmica), esta energia dos processos naturais transita para a energia
dos processos socioeconómicos. Por conseguinte, a interpretação moderna
dos sistemas socioeconómicos como entidades onde apenas se desenvolve
a atividade económica, sem ter em conta as interações entre a economia e
a natureza da qual obtém recursos e, por conseguinte, energia,
principalmente no âmbito da biogeocenose local, tem de ser seriamente
corrigida. Devido à importância particular da determinação espacial destas
interações, e considerando a ligação difusiva entre componentes
individuais do espaço em cada ESES, as equações da coordenada espacial
da função capital da superfície da Terra terão a seguinte forma

$$\frac{dc_i}{dt} = f[c_1, c_2, ..., c_n f(K_n)] \ (i = 1, ..., n) \tag{1.5}$$

$f(K_n$) - a coordenada espacial da função de capital natural da superfície
da Terra no ESES. Que significado tem esta coordenada espacial? Ela
representa a função da energia do capital da superfície terrestre,
permitindo-nos aproximar da definição do limite natural da sua
"eficiência". Como já foi referido, a atividade económica em cada ESE
deve ser desenvolvida dentro da capacidade de auto-reprodução da

biogeocenose local. Ou seja, o grau de utilização dos recursos naturais (atividade económica) deverá estar funcionalmente dependente da capacidade de permeabilidade do capital natural local. Isto pode servir como uma medida primária para evitar mais problemas ecológicos.

No entanto, como alcançar a ressonância do volume da atividade económica com o estado das capacidades biofísicas do ambiente? Estamos a falar da necessidade de considerar critérios para alcançar um estado ecológico sustentável da ESES. Este estado não coincide com o equilíbrio dos processos económicos, mas deve encontrar um reflexo adequado nas realidades macroeconómicas através da implementação destes critérios nas identidades físico-económicas modernas da economia do desenvolvimento sustentável. Assim, a função espacial da macroeconomia física, que visa a preservação do ambiente natural e do sistema climático do planeta, tem parâmetros económicos diferentes dos da função de produção. O seu objetivo é aumentar os bens ecológicos produzidos pelos sistemas ecológicos terrestres.

1.2. O orçamento energético da Terra e os problemas de reprodução do sistema ecológico e socioeconómico planetário (ESES)

A economia neoclássica considera a economia da sociedade separada da "economia" do ambiente natural (NE). Neste caso, as economias nacionais são tratadas como isoladas do fluxo de energia solar, que é a fonte do trabalho primário nas mesmas. Assim, a investigação macroeconómica é abstraída da elucidação das condições de reprodução da biosfera terrestre, onde se desenvolve a atividade económica. Assim, cada sistema macroeconómico é estudado como um sistema que realiza trabalho positivo (A) unicamente devido ao stock da sua energia interna (E) - ou seja, a energia da produção própria e do investimento.

Assim, a economia de cada Estado, de acordo com a teoria neoclássica, é interpretada como um sistema que funciona em modo de trabalho adiabático e não isotérmico, ou seja:

$$\Delta A = - \Delta E, \tag{1.2.1}$$

em que A é o trabalho da economia;

ΔE - variação da energia interna da economia.

Surge naturalmente uma questão: como é que a energia interna da economia pode ser preservada a longo prazo neste caso? A tomada em consideração da entrada de apenas investimentos económicos, sem investimentos de energia solar, não distorce a imagem real do funcionamento da economia? Afinal de contas, as fontes primárias de valor acrescentado são aqui completamente ignoradas. Assim sendo, será possível abstrair das condições de reprodução do espaço (território) em que opera quando se consideram os processos de reprodução da economia?

Como bem salienta o académico I. Yukhnovsky, ao considerar a questão da eficiência da economia, devemos partir das leis gerais da existência, formadas na linguagem das analogias com a termodinâmica estacionária [98]. No processo de realização da economia como um sistema aberto à biosfera de trabalho positivo, ela retira energia do seu ambiente externo, que na termodinâmica é chamado de "aquecedor" e é caracterizado pela temperatura Tn. Como já assinalámos, o trabalho no processo isotérmico é realizado devido à energia livre F, ou seja:

$$\Delta A1 = - \Delta F \ (1.2.2)$$

Sabe-se que esta energia livre (F) é reabastecida pelo aumento da energia interna e pela diminuição da entropia S (através do influxo de bioinformação) (Iv), porque: $- \Delta S = Iv$.

Por conseguinte, a variação do volume de trabalho em cada TES como núcleo da ESES será igual a:

$$\Delta A = \Delta F = \Delta E + T - I_v \ , \ (1.2.3)$$

em que A é o trabalho do TES;

F- energia livre do TES;

IS- energia interna do TES;

T- I_v - o montante do valor acrescentado primário no TES.

A fonte de criação deste valor acrescentado primário $(T \cdot I_v)$ no TES é o influxo de bioinformação (negentropia) com a energia do Sol, bem como trabalho útil (de acordo com S. Podolynsky) [77].

Como se sabe, foi S. Podolynsky quem comprovou que a acumulação de energia na superfície da Terra é possível devido ao trabalho útil consciente, o que revela a essência desta interação. Ele formulou a sua própria definição de trabalho com base nos resultados de uma análise meticulosa das realizações científicas do seu tempo. O cientista argumentou que apenas o trabalho que resulta num aumento do orçamento energético da Terra pode ser considerado útil. Ele distinguiu dois tipos de trabalho: aquele que proporciona a acumulação de energia diretamente e aquele que a promove indiretamente, protegendo a energia da dissipação. Para além disso, o cientista fez a ressalva de que o homem não cria no seu trabalho sobre a matéria ou a energia. Estas conclusões do cientista podem ser, na nossa opinião, a base da teoria física e económica da reprodução ESES [55].

Interpretando a energia como uma constante mundial, o investigador ucraniano mostrou a capacidade do homem para influenciar o seu movimento e a sua acumulação. Provou que um sujeito inteligente que se opõe conscientemente aos processos entrópicos é capaz de evitar o desperdício de energia. Dado que esse sujeito, no seu estudo, é cada indivíduo e a humanidade como um todo, podemos falar da última interpretação da essência humana de S. Podolynsky, nomeadamente a consideração do homem como um ser cósmico capaz de aumentar a energia na superfície da Terra.

Uma realização científica excecionalmente valiosa de S. Podolynsky é a interpretação da interação entre sujeito e objeto. Por um lado, estamos a falar de distribuição - derivada da energia como um elemento do sistema. Por outro lado, o trabalho é estudado em profundidade, ou seja, um componente do sistema derivado do homem como sujeito de interação.

Assim, desenvolvendo as generalizações acima referidas do cientista sobre a necessidade de preservar o orçamento energético da Terra e tendo em conta os avanços modernos na termodinâmica estacionária, podemos abordar os fundamentos conceptuais da teoria física e económica da reprodução da ESES.

As conclusões de S. Podolynsky devem ser consideradas como uma base para uma interpretação fundamentalmente nova da essência e da estrutura dos processos de reprodução do ESES. Extremamente produtiva, embora ainda quase não apreciada, é a teoria da distribuição, fundada por cientistas, que se baseia nas visões de mundo formadas por ele.

A originalidade da abordagem proposta é que o cientista abriu a possibilidade de uma aplicação fundamentalmente nova do conceito de "distribuição" aos processos e fenómenos que ocorrem na vida energética da humanidade. Por isso, ele foi um dos primeiros a considerar a essência da distribuição na escala da galáxia. Tendo-a "objetivado", o cientista descreveu a distribuição da energia, estudou a circulação dos fluxos de energia no espaço exterior, incluindo na superfície da Terra como um dos planetas do sistema solar.

Este aspeto da obra de Podolynsky é tão paradigmático que obriga a considerar todas as divisões da reprodução social nas dimensões planetária e supraplanetária segundo um esquema concetual semelhante. Afinal, a "distribuição de energia", como um dos conceitos-chave no título da sua brilhante obra, exige, por analogia, que se fale de outras componentes da reprodução energética, na economia da película da vida, nomeadamente a produção, a produção, a troca, o consumo, etc. [55;77]. Nas condições actuais de declínio da produtividade biológica dos TES nos ESES, quando a sua capacidade de reproduzir funções está em constante declínio, é necessário determinar a escala de gestão admissível nos mesmos, com base no limite crítico de saturação da matéria viva (de acordo com os ensinamentos de V. Vernadsky sobre a biosfera). Qual é este limite, baseado nas condições de reprodução energética da matéria viva de uma determinada paisagem? Qual deve ser o sinal para uma escala de gestão aceitável para ela? Como determinar o preço do limite de saturação da matéria viva na biosfera terrestre num ou noutro ponto da sua localização? As respostas a estas questões são especialmente importantes hoje em dia, pois é necessário fundamentar novos modelos de conservação e de desenvolvimento sustentável do sistema ecológico e socioeconómico planetário. Para isso, temos de investigar todas as ligações causais que surgem entre os fluxos de recursos que se formam na natureza terrestre e a economia.

Considerando a economia como um elemento da biosfera terrestre, deve ser interpretada como um subsistema socioeconómico aberto, que vive e funciona principalmente através do fluxo de energia, matéria e bioinformação que lhe chega do espaço. Porque se a economia for considerada como um sistema isolado do ambiente natural (macroeconomia neoclássica), ela desempenha o papel de um constante perturbador termodinâmico dos processos de transformação de energia na biosfera. Deste modo, destrói-a progressivamente e, por conseguinte, o espaço vital da sociedade. Porque é que o problema da modelação das condições de reprodução energética do ESES para a construção de uma economia de desenvolvimento sustentável se torna tão quase relevante? Porque esta economia não pode existir sem assegurar a estabilidade da biosfera, que é um dador de negentropia (bioinformação).

Assim, o funcionamento de cada EES é um processo contínuo de transformação de energia em ligação com a execução de determinados trabalhos dispendiosos. Porque as transformações de energia só podem ocorrer na presença de N_{vn} , então podemos concluir que a vida (existência) de cada ESES complexo (que é interpretado como um processo de transformação contínua de energia) pode ser mantida num nível estável (estacionário) apenas se receber constantemente negentropia compensatória, porque tal sistema está aberto ao ambiente [78;80;].

Assim, o desenvolvimento sustentável do ESES é um desenvolvimento em que a interação do seu subsistema socioeconómico com o subsistema natural (TES) ocorre no modo natural-evolutivo, desde que o ritmo desta interação (movimento para o equilíbrio) seja constante.

Assim, podemos tirar as seguintes conclusões:

1. Para formar uma economia de desenvolvimento sustentável, é necessário recorrer à doutrina física e económica. A economia mundial não pode ser considerada fora da economia espacial (S. Podolynsky), porque os processos da sua reprodução dependem funcionalmente do estado da energia e da reprodução material da biosfera.

2. A base da economia espacial é o orçamento energético da Terra. Se houver um défice (e isso acontece quando os fluxos entrópicos predominam sobre os não entrópicos no espaço terrestre da biosfera), é uma condição prévia para novas crises na economia mundial devido a alterações no ambiente natural, reduzindo assim a oferta agregada dos seus recursos.

3. Uma vez que a manutenção da estabilidade do orçamento energético da Terra continua a ser uma questão importante para a sustentabilidade da biosfera e, consequentemente, da economia que é o seu subsistema, as condições para alcançar um estado de equilíbrio entre as suas receitas e despesas devem ser um importante objeto de modelação na economia física mais recente.

4. A aproximação do défice do orçamento energético da Terra provoca uma perturbação dos processos metabólicos de energia, matéria e bioinformação no espaço terrestre da biosfera, o que leva a uma diminuição da sua fertilidade natural.

5. As receitas do orçamento energético da Terra são formadas pelo aumento do trabalho útil das pessoas (de acordo com S. Podolynsky), que desempenha uma função autotrófica no ESES. Portanto, a prioridade da economia física atual é formar mecanismos motivacionais e institucionais que estimulem o aumento do trabalho útil na economia, uma vez que este trabalho aumenta a acumulação de ordem natural na biosfera terrestre, aumentando assim a sua sustentabilidade. Um exemplo de trabalho útil é

o trabalho no domínio da agricultura biológica e de outros sectores da economia cinematográfica.

No entanto, uma verdadeira solução para estes problemas exige uma abordagem macroeconómica, que se concentre nos resultados finais adequados de cada ESE. A economia neoclássica tradicional, que utiliza uma abordagem puramente compensatória e não preventiva dos efeitos negativos da atividade económica no ambiente, não considera formas de prevenir estes efeitos, ou seja, não presta a devida atenção à análise teórica das possibilidades ecológicas da biosfera terrestre. Neste contexto, a definição de capacidade pode ser considerada um fator limitativo da escala da economia. Por conseguinte, se estamos interessados nas relações bilaterais entre a economia e o ambiente no âmbito do sistema ecológico e socioeconómico do Estado, precisamos, na nossa opinião, de efetuar uma análise macroeconómica da capacidade de cada TES. Estas relações bidireccionais podem ser ilustradas por Fig.que mostra duas opções de largura de banda ambiental e a possibilidade de endogeneizar esta capacidade na ESES.

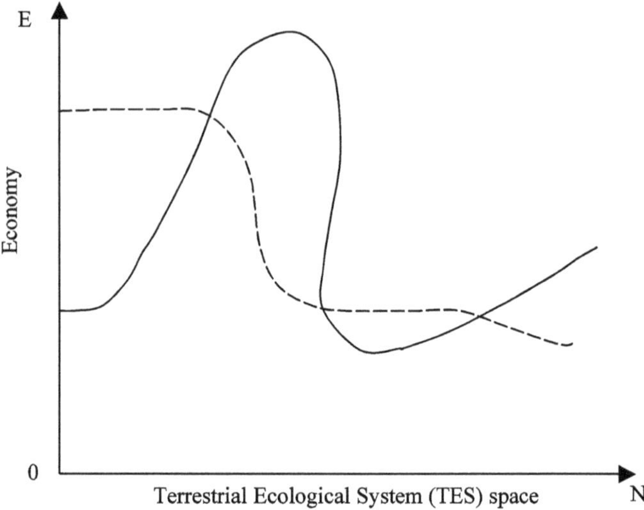

Fig. 1.2.1. A relação entre a economia e o ambiente terrestre na
Estratégia Europeia de Emprego

Dependem do envolvimento e da intensidade dos mecanismos de
retroação entre a economia e o ambiente. Para ilustrar este caso, considere
o seguinte modelo:

$$\frac{dN}{dt} = \alpha(E) \cdot N \cdot [K_c(E) - N]; \ (1.2.4)$$

$$\frac{dE}{dt} = \beta(N) \cdot E \cdot [E_c(N) - E], \ (1.2.5)$$

em que K_c e E_c são as capacidades dos subsistemas TES e
económico, que não são de valor constante, mas adquirem os seus valores
devido ao estado de outros subsistemas. Pode-se considerar, por exemplo,
a quantidade de espaço ou área de terra e o fluxo de energia solar. Isto
pode determinar o limite superior para K_c , ou seja, relativo ao nível
máximo de biomassa da vegetação natural. No entanto, é de notar que a
quantidade de espaço fixo significa que a "terra" não é uma variável na
função K_c . Para explicar a existência de capacidade económica, pode ser
aplicada uma ideia semelhante, mas com o espaço TES, que é substituído
pela oferta potencial de serviços ambientais naturais e pela vegetação
verde natural, que, por exemplo, é substituída por um indicador de
atividade económica. Neste caso, porém, a largura de banda K_c não é fixa,
mas muda em função de N. A formulação da largura de banda baseia-se
em duas ideias. Em primeiro lugar, os sistemas naturais limitam a
utilização de serviços e materiais ambientais pelo sistema económico. Este
facto pode reduzir significativamente o potencial de crescimento físico. A
saída devido à substituição do crescimento à escala física da economia
pelo crescimento do sector dos serviços também é limitada. Isto deve-se
ao facto de serem necessários factores de produção físicos, direta e
indiretamente, para produzir bens e serviços. Os serviços ambientais

substituirão os serviços não económicos, ou seja, aqueles que não estão atualmente incluídos nos cálculos económicos dos indicadores macroeconómicos finais. Em segundo lugar, são tomadas decisões conscientes para cumprir os objectivos de sustentabilidade ambiental, que são influenciados por certos tipos de mecanismos de feedback que visam o desenvolvimento sustentável no futuro. os sistemas naturais limitam a utilização de serviços e materiais ambientais pelo sistema económico. Este facto pode reduzir significativamente o potencial de crescimento físico. A saída devido à substituição do crescimento à escala física da economia pelo crescimento do sector dos serviços é também limitada. Isto deve-se ao facto de serem necessários factores de produção físicos, direta e indiretamente, para produzir bens e serviços. Os serviços ambientais substituirão os serviços não económicos, ou seja, aqueles que não estão atualmente incluídos nos cálculos económicos dos indicadores macroeconómicos finais. Em segundo lugar, são tomadas decisões conscientes para atingir os objectivos de sustentabilidade ambiental, que são influenciados por certos tipos de mecanismos de feedback que visam o desenvolvimento sustentável no futuro. Os sistemas naturais limitam a utilização de serviços e materiais ambientais pelo sistema económico. Este facto pode reduzir significativamente o potencial de crescimento físico. A saída devido à substituição do crescimento à escala física da economia pelo crescimento do sector dos serviços também é limitada. Isto deve-se ao facto de serem necessários factores de produção físicos, direta e indiretamente, para produzir bens e serviços. Os serviços ambientais substituirão os serviços não económicos, ou seja, aqueles que não estão atualmente incluídos nos cálculos económicos dos indicadores macroeconómicos finais. Em segundo lugar, são tomadas decisões conscientes para cumprir os objectivos de sustentabilidade ambiental, que são influenciados por certos tipos de mecanismos de feedback que visam o desenvolvimento sustentável no futuro. A saída devido à substituição do crescimento à escala física da economia pelo crescimento do sector dos serviços é também limitada. Isto deve-se ao facto de serem necessários factores de produção físicos, direta e indiretamente, para produzir bens e serviços. Os serviços ambientais substituirão os serviços não económicos, ou seja, aqueles que não estão atualmente incluídos nos cálculos económicos dos indicadores macroeconómicos finais. Em segundo lugar, são tomadas decisões conscientes para cumprir os objectivos de sustentabilidade ambiental, que são influenciados por certos tipos de mecanismos de feedback que visam o desenvolvimento sustentável no futuro. A saída devido à substituição do crescimento à escala física da economia pelo crescimento do sector dos serviços é também limitada. Isto deve-se ao facto de serem necessários factores de produção físicos, direta e indiretamente, para produzir bens e serviços. Os serviços ambientais substituirão os serviços não económicos, ou seja, aqueles que não estão atualmente incluídos nos cálculos económicos dos indicadores macroeconómicos finais. Em segundo lugar, são tomadas decisões conscientes para cumprir os objectivos de sustentabilidade ambiental, que são influenciados por certos tipos de mecanismos de feedback que visam o desenvolvimento sustentável no futuro. que atualmente não estão incluídos nos cálculos económicos dos indicadores macroeconómicos finais. Em segundo lugar, são tomadas decisões conscientes para cumprir os objectivos de sustentabilidade ambiental, que são influenciados por certos tipos de mecanismos de feedback que visam o desenvolvimento sustentável no futuro. que agora não estão incluídos nos cálculos económicos dos indicadores macroeconómicos finais. Em segundo lugar, são tomadas decisões conscientes para cumprir os objectivos de sustentabilidade ambiental, que são influenciados por certos tipos de mecanismos de feedback que visam o desenvolvimento sustentável no futuro.

Em geral, estas relações podem ser representadas sob a forma de um modelo:

$$\frac{dN}{dt} = H(N; F); \frac{dE}{dt} = F(E; N). \tag{1.2.6}$$

Este modelo reflecte uma visão concetual da relação global e de longo prazo entre o subsistema económico da TES e os outros sistemas, que são representados por um único indicador que se altera ao longo do tempo. É possível interpretar todo o sistema apresentado por este indicador como fechado. No entanto, os sistemas económicos e ambientais não são fechados, pelo que é preferível considerar o modelo como um exemplo de um sistema aberto, em que os laços económicos e ambientais internos dominam as influências externas no comportamento global do sistema.

Para clarificar H e F, é necessário fazer suposições sobre as caraterísticas dinâmicas internas da economia e do ambiente, bem como sobre a natureza geral da interação entre a economia e o ambiente; N e E são variáveis que mostram o nível de eficiência do TES e o nível de atividade económica.

É de notar que tanto H como F podem adquirir valores positivos e negativos. Neste caso, podem ser utilizadas relações simples e diretas, nomeadamente como: o ambiente (N) é "necessário" para a economia (E); mais N é "melhor" para (E) e mais E é "pior" para N, ou seja, feedback externo positivo e negativo. Mas é possível descobrir caraterísticas ainda mais interessantes. Pode assumir-se que o TES está parcialmente sujeito a retroacções positivas e negativas devido a valores elevados de N.

A estrutura económica interna representada por F pode ser escolhida de modo a refletir um mecanismo semelhante, ou apenas um feedback interno positivo, ou uma combinação de dois factores. Um conjunto de hipóteses é o caso em que temos um feedback negativo interno (comportamental) e externo (desenvolvimento sustentável) sobre o crescimento económico.

É importante perceber que a existência de capacidade provém de um único fator externo e fixo de limitação (falta) de recursos naturais, ou seja, o mais crítico entre muitos constrangimentos externos. Para N, pode ser a terra que é introduzida no modelo através da largura de banda de N. Para E, é o fator crítico de pobreza que determina o rendimento de E em N, que é variável no contexto do modelo. Como o nível de largura de banda irá aumentar dentro dos seus limites (assumindo que pode ser quantificado), $\dfrac{dE_c}{dN} > 0$ é justo. A essência deste pressuposto está no feedback negativo de E para E direta e indiretamente através de N.

É de notar que o efeito de E sobre KS é de natureza completamente diferente, ou seja, não actua como um fator de limitação regular da largura de banda. Este impacto é a destruição do ambiente como resultado de uma quantidade significativa de extração e emissão de materiais - recursos ambientais, uso do solo, etc., ou seja, a consequência é que tem o sinal oposto (<0). Isto significa, no entanto, que o valor negativo de E pode ser interpretado como um fator crítico limitante, embora não seja externo à existência da ESE.

Finalmente, as taxas de crescimento interno de cada subsistema (α e β) são também variáveis do estado do outro subsistema, porque para cada equação estes parâmetros mostram a direção da resposta a mudanças nos seus argumentos relacionados com a largura de banda. Segue-se que

$$\frac{d\alpha}{dN} < 0 \text{ e } \frac{d\beta}{dE} > 0. \quad (1.2.7)$$

Assim, a análise destes modelos leva à conclusão de que os pré-requisitos necessários para a transição a nível macroeconómico para o desenvolvimento sustentável em termos de economia física são os seguintes princípios.

Em primeiro lugar, o objeto da gestão dos ESES no âmbito do seu desenvolvimento sustentável e da política climática preventiva deve ser o processo global e integrado de reprodução dos seus ecossistemas terrestres no interesse de toda a sociedade, que deve estar subordinado à natureza setorial e à economia no seu conjunto.

Em segundo lugar, os problemas da reprodução dos recursos naturais e dos TES no ESES em geral devem ser combinados com os postulados (leis) da biofísica e da física e só nesta base se pode abordar a definição dos resultados macroeconómicos.

Em terceiro lugar, é necessário determinar os limites do TES e dos seus recursos nas actividades económicas e a possibilidade da sua reprodução no ESES.

Em quarto lugar, é necessário estabelecer a relação ideal entre a capacidade energética potencial de cada território e a atividade económica no mesmo, o que garantirá a estabilidade dos processos naturais e económicos. Se a teoria da sustentabilidade "encaixar" na análise macroeconómica através da implementação destes princípios, então podemos esperar mudanças positivas na prevenção da inundação da nossa "arca ambiental".

Nas secções anteriores, argumentámos que a resolução dos problemas de desenvolvimento sustentável do mundo está associada à formação da metodologia física e económica da ciência macroeconómica moderna. Esta metodologia é interdisciplinar e considera todos os processos económicos não só em termos da sua utilidade para o consumidor económico, mas também em termos da sua "utilidade" (ou não) para a reprodução do espaço da biosfera terrestre. Porque é que é tão importante descobrir os aspectos espaciais da utilidade dos benefícios ambientais? Porque a superfície terrestre é caracterizada por um determinado orçamento energético, cujo aumento do défice pode levar a toda uma cascata de novas alterações naturais negativas no mundo. Para o evitar, é necessário prestar mais atenção à preservação dos bens naturais da superfície terrestre. Trata-se de todas as paisagens naturais, incluindo as paisagens agrícolas, que estão envolvidas na agricultura natural (biológica),

Assim, ao aumentar estes bens naturais, o Estado aumenta o orçamento energético do seu território, e ao reduzi-lo - diminui-o. Tudo isto deve ter uma expressão monetária, porque todos os bens naturais da superfície terrestre, como fontes de valor acrescentado absoluto, devem ser a base para a formação da base natural bioenergética da economia de desenvolvimento sustentável de cada Estado e do mundo como um todo [55;51].

Neste contexto, a superfície da Terra deve ser interpretada como um banco, que precisa de aumentar o nível de capitalização natural e introduzir normas de liquidez.

Sabe-se que o termo "liquidez" vem do latim "liquidus", que se traduz por "fluido". No que diz respeito à bio(fitomassa) dos ecossistemas paisagísticos enquanto activos naturais, a sua liquidez é tanto maior quanto mais rapidamente e com menos perdas forem capazes de se converter noutros activos (como dinheiro ou produção anual de biomassa). Por outro lado, a liquidez destes activos naturais depende diretamente do nível de proteção contra vários riscos e desafios. Os ecossistemas paisagísticos proporcionam esta proteção através da estabilidade estrutural, integridade, funções específicas e capacidade de produção anual de biomassa. Por conseguinte, são os próprios ecossistemas paisagísticos, e não os seus serviços, que devem ser objeto de avaliação monetária. A preservação da sua estabilidade espacial e da sua capacidade de produção é crucial para a reprodução da "película da vida". Esta é a essência da abordagem biocêntrica para determinar o valor monetário dos diferentes ecossistemas paisagísticos.

Ao mesmo tempo, a "liquidez" dos ecossistemas paisagísticos reside na sua capacidade de desempenhar todas as funções utilizando os bens naturais actuais. Por outras palavras, é a sua capacidade de transformar a sua "riqueza natural" (fitomassa) em novos bens naturais (produção anual de biomassa).

Assim, a "base natural" da bioenergia divide-se, em nossa opinião, em duas partes [72;78;55]:

a) um indicador do volume da produção anual de matéria viva como "dinheiro em circulação";

b) a quantidade de biomassa armazenada nos ecossistemas paisagísticos, que é um "depósito" da Terra.

Assim, as possibilidades da superfície da Terra para a produção de produtos terrestres da fotossíntese são muito grandes, mas mantendo a sua bioprodutividade.

O aumento do volume de produtos orgânicos (verdes) contribui para a sua bioprodutividade. Ao mesmo tempo, a desflorestação, a utilização de fertilizantes minerais na agricultura, a poluição da água e as pressões tecnoantropogénicas significativas sobre a terra reduzem a sua bioprodutividade devido à redução dos orçamentos energéticos, reduzindo assim a base para o fornecimento de dinheiro para a bioenergia.

O "depósito" da Terra é a biomassa da sua matéria viva. No entanto, os componentes dos depósitos da Terra são determinados espacialmente em relação a sistemas paisagísticos específicos para os quais são estabelecidas as normas da sua existência. Neste contexto, os sistemas paisagísticos podem ser interpretados como "bancos" separados.

Alguns destes depósitos assumem a forma de reservas e deixam de ser o equivalente bioenergético do dinheiro. Consideremos separadamente a essência das reservas da Terra como um "banco" de bioenergia:

- reservas necessárias (Rmin) - a quantidade mínima de biomassa de matéria viva (Rn) que todos os sistemas paisagísticos devem manter;

- Rn é a quantidade de biomassa de matéria viva que não pode ser incluída na "produção" biofísica;

- as reservas efectivas (Rf) são a soma de Rm + Rn

$$Rf = Rm + \text{Rn} \quad (1.2.8) \; ;$$

É de notar que as reservas obrigatórias são claramente diferenciadas por tipo, consoante o tipo de sistemas paisagísticos.

Estas reservas desempenham uma função de seguro para preservar a biodiversidade do planeta em geral e de cada sistema paisagístico em particular. Isto é muito importante na prática, porque a redução do capital natural (matéria viva) em termos quantitativos e qualitativos indica a extinção da "atividade" multiplicativa da Terra na biosfera. A este respeito, o problema da estimativa da multiplicação da biomassa vegetal na superfície da Terra é relevante.

Como já foi referido, toda a biomassa da Terra pode ser considerada como depósitos do espaço terrestre da biosfera. Ao mesmo tempo, qualquer envolvimento da biomassa na criação de novos produtos de matéria viva leva a um efeito multiplicador destes depósitos. Consideremos este processo por exemplo.

Seja a biomassa da superfície terrestre de 100 unidades. A taxa de reservas necessárias Rm é de 10%. Então, a quantidade de reservas em excesso formada pela biomassa envolvida em processos metabólicos para a produção de matéria viva será:

$$100 \, unit - \frac{100 \, unit \times 10\%}{100\%} = 100 \, unit - 10 \, unit = 90 \, unit.$$

Que estas 90 unidades de biomassa continuem a ser utilizadas na "produção" de matéria viva. Então, à taxa de reservas necessárias de 10%, a produção efectiva de matéria viva envolvida:

$$90\,unit - \frac{90\,unit \times 10\%}{100\%} = 90\,unit - 9\,unit = 81\,unit.$$

Como se pode ver no exemplo acima, a mesma biomassa, resultante da multiplicação de depósitos, é frequentemente utilizada como recurso para a "produção" de produtos do capital natural do planeta.

Para formalizar este exemplo, o montante de depósitos deve ser denotado por D, a percentagem de depósitos detidos em reservas obrigatórias por R, e a percentagem de depósitos atraídos para o ciclo de produção de novos produtos de capital natural por (1-R).

Em seguida, a introdução de depósitos neste ciclo, em resultado do efeito multiplicador, assegurará a oferta destes produtos no montante de:

$$Yn = D \times \frac{1}{R}\ ,\ (1.2.9);$$

em que D é a biomassa de matéria viva;

R- reservas mínimas.

Segue-se que $1 / R = m$, - é um multiplicador bioenergético simples, que está inversamente relacionado com a taxa de reservas necessárias da superfície terrestre.

Este multiplicador simples de bioenergia mostra a quantidade máxima de nova biomassa de matéria viva que pode ser criada por cada unidade de biomassa das suas reservas excedentárias para uma determinada quantidade de reservas necessárias.

Esta é a quantidade máxima possível de biomassa de matéria viva recém-criada. No entanto, na vida real é muito menor, porque parte da biomassa provém deste ciclo devido aos processos de entropia existentes. Para ter em conta este fator em relação ao impacto no multiplicador de bioenergia, introduzimos um indicador que mostra o rácio entre a quantidade de perdas de biomassa devido à entropia e o volume de depósitos, e denotamos este valor por d:

$$d = \frac{C_e}{D}$$

(1.2.10)

O multiplicador de bioenergia terá então o seguinte aspeto:

$$m_{6e} = \frac{1+d}{R+d}.$$

(1.2.11)

Note-se que, para além deste fator, existem outros factores que podem afetar o volume deste multiplicador.

Assim, é surpreendente que a introdução de um modelo para determinar o equivalente bioenergético do dinheiro na análise macroeconómica implique ter em conta o estado de implementação dos três níveis de energia, matéria e bioinformação em todas as paisagens de ecossistemas existentes, agregando a sua produtividade de capital natural. Isto pode servir de base para a criação de um modelo qualitativamente novo de economia monetária para a sustentabilidade.

1.3. Os fundamentos da teoria físico-económica do desenvolvimento sustentável do ESES da Terra

A noosferização e o desenvolvimento sustentável estão principalmente associados à utilização racional da "película da vida" no planeta. Por isso, no século XXI, a economia deve desempenhar não só uma função de produção, mas também a função de transformar a bioinformação que chega à Terra vinda do espaço em trabalho eficiente. O desempenho desta função será acompanhado de um aumento do orçamento energético da Terra e da preservação sustentável do seu capital natural.

Simultaneamente, ao definir a base da teoria da Análise Macroeconómica Física da ESE, é necessário perceber que esta teoria deve basear-se nos seguintes princípios

1. Considerar não só as necessidades do consumidor, mas também os constrangimentos relacionados com a redução da naturalidade espacial da atividade económica.

2. Assegurar a preservação da estabilidade do capital natural na Terra.

3. Concentrar-se em aumentar não só os orçamentos económicos dos Estados, mas também o orçamento energético da Terra.

4. Combinar os processos de intelectualização com a noosferização, implementando um modelo de intelectualização da economia que seja sincronizado com as leis da natureza.

5. Considerar a atividade económica no plano ecológico-social da biosfera terrestre.

6. Contribuir para a criação de um modelo de economia mundial que suporte a biosfera.

7. Orientar-se para um modelo de economia de desenvolvimento sustentável anti-entrópico que não perturbe a existência da "película da vida".

Cada sistema ecológico-sócio-económico complexo (ESES) produz bens económicos e ecológicos. No seu núcleo está o sistema ecológico terrestre caracterizado por um determinado volume de produção. Simultaneamente, a eficiência do subsistema socioeconómico do ESES depende principalmente da capacidade (eficiência) do sistema ecológico terrestre (TES).

Cada sistema ecológico terrestre, enquanto subsistema do SEE de um Estado, é caracterizado por uma oferta específica de bens ecológicos da Terra e por uma procura interna dos mesmos, devido à necessidade de assegurar os processos de reprodução.

Por conseguinte, a procura total de bens ecológicos pode ser representada por Y_{Dn}:

$$Y_{Dn} = C_n + I_n \quad (1.3.1)$$

Onde:

- Y_{Dn} é o volume da procura total de bens ecológicos (pode ser representado como produto ecológico bruto).
- C_n é o consumo interno de bens ecológicos no sistema ecológico terrestre.
- I_n é a procura de bens ecológicos por parte do subsistema socioeconómico do SEE, o que constitui um investimento natural para este subsistema.

Ao mesmo tempo, a procura total de bens económicos na ESES do Estado, como já foi referido, pode ser descrita com base na identidade:

$$Y_{AD} = C + I + G + NE, \quad (1.3.2)$$

Onde:

- C é o consumo das famílias.
- I é a procura de investimento do sector empresarial.
- G é a procura do Estado de bens e despesas ecológicas.

- NE é a exportação líquida, que é determinada como a diferença entre as exportações e as importações.

Como já esclarecemos, o capital natural na Terra é uma fonte de produção de bens naturais (recursos) e serviços ecológicos. Os "investimentos" externos de energia solar, juntamente com a negentropia, contribuem para isso. Parte destes "investimentos" é consumida em processos de troca dentro da biogeocenose, enquanto o restante assegura o crescimento do capital natural através da acumulação da produção anual de matéria viva.

No nosso conceito proposto da proposta ecológica da Terra, assume-se que a procura de bens e serviços ecológicos pode vir tanto do "consumidor" biofísico - o espaço terrestre da biosfera, como da sociedade e da sua economia [55;56]. O consumo biofísico de certos bens e serviços ecológicos da Terra é efectuado para assegurar a reprodução do seu capital natural. Para que os processos renováveis ocorram em cada ESE, uma certa quantidade de bio(fito)massa de matéria viva deve ser preservada. Porque é que isto é necessário? Como esclarecemos anteriormente, está relacionado com o facto de que a negentropia, que vem do espaço para a superfície da Terra, só pode ser assimilada e servir como fonte de ordem e, portanto, de restauração do ESES, se estiver incorporada na biomassa da vegetação verde. Por outro lado, por definição, a contribuição negativa para a entropia do sistema e do seu capital natural caracteriza a bioinformação ib_n fornecida a este sistema, ou seja, $(-\Delta S_n) = ib_n$; onde ΔS é a variação da entropia no sistema; ib_n - a quantidade de bioinformação [56]. Portanto, em cada metro quadrado de sua superfície, a Terra, sendo um sistema aberto em relação ao Sol, recebe um fluxo de bioinformação por segundo, igual a Q/T_3 ; onde Q é a densidade do fluxo de energia que a Terra recebe do Sol, ou seja, o fluxo que incide sobre $1 m^3$ da superfície da Terra em um segundo ($Q = 1{,}36 \times 10^3$ J/m^2 seg.); T3 é a temperatura, igual a $2,9 \times 10^2$ K [80]. A assimilação pela natureza da Terra (o seu capital natural) deste fluxo constante de energia de qualidade (bioinformação) ao longo do tempo é uma fonte universal de melhoria das formas de existência na Terra. Assim, o fluxo de bioinformação do Sol para a Terra é maior do que o fluxo de bioinformação irradiado pela Terra para o espaço. Isto permite processos regenerativos em cada ESES como o capital natural do nosso planeta.

Os bens e serviços ecossistémicos da Terra, enquanto produção do seu capital natural, por 1 m^2 da sua área, podem ser repartidos entre o consumo (pela economia da sociedade) e o consumo biofísico para apoiar um maior "investimento" no capital natural com fluxos de bioinformação. Portanto, isso pode ser representado pela fórmula:

$$Y_n = c_n + ib_n \qquad (1.3.3)$$

em que Y_n é o volume de bens e serviços ecológicos por 1 m^2 da superfície terrestre; c_n - consumo de serviços e bens ecossistémicos para as necessidades da economia e da sociedade; ib_n - consumo biofísico necessário para apoiar novos investimentos bioinformacionais no capital natural do planeta.

O fornecimento total de bens ecológicos no ESES a longo prazo depende funcionalmente do nível de estabilidade do capital natural na Terra K_n ; sem o qual é impossível alcançar um equilíbrio entre o fornecimento de bens ecológicos e económicos.

Deve-se notar que a eficiência máxima do ESES é alcançada em estados estacionários estáveis quando a quantidade de energia livre do seu ESES atinge o nível ótimo. Ou seja, quando o produto ecológico bruto da Terra corresponde ao volume do seu produto ecológico bruto potencial.

Com base nas conclusões dos capítulos anteriores, é possível argumentar que, uma vez que a fonte dos bens ecológicos é a natureza viva dos EES, que está no centro dos mesmos, as caraterísticas físicas destes bens ecológicos e os indicadores que motivariam a gestão preventiva para garantir a sustentabilidade devem ser incluídos nas avaliações do sistema dos EES integrados. Assim, a formação do modelo noosférico de desenvolvimento sustentável dos ESES visa a prevenção e não a compensação de alterações físicas e económicas negativas nestes sistemas complexos. Isto pode ser conseguido considerando os determinantes espaciais da preservação da biosfera terrestre e implementando-os nas funções do modelo noosférico de desenvolvimento sustentável dos ESES. Estas funções têm objectivos e critérios diferentes da função de produção da economia neoclássica, uma vez que se destinam a aumentar os bens ecológicos, a garantir a estabilidade do capital natural e a biosfera no seu conjunto.

Para atingir os objectivos de desenvolvimento sustentável do ESES, a tarefa fundamental é o aumento máximo do volume de biomassa K_n no ESES e o capital de fertilidade da Terra (N_{vn}) como fontes de preservação da vida orgânica no planeta. As actividades económicas relacionadas com a utilização deste capital natural devem ser coerentes com as leis de preservação da biosfera baseadas na adesão a critérios biofísicos. Se a função de produção determina a oferta total de bens económicos através do mecanismo de mercado, então as funções do modelo noosférico de desenvolvimento sustentável do ESES devem determinar a oferta ecológica total da Terra, com base nas leis da organização biofísica e geoquímica dos processos naturais permutáveis. Desta forma, podem ser formulados mecanismos efectivos para a implementação do conceito de desenvolvimento sustentável.

A implementação de indicadores físico-económicos na teoria da economia do desenvolvimento sustentável só é possível, em nossa opinião, nas condições do surgimento de uma componente qualitativamente nova da ciência económica - a macroeconomia espacial. Com efeito, a macroeconomia neoclássica e neoclássica abstrai-se do estudo das condições físico-económicas de criação de valor acrescentado primário. A teoria do equilíbrio geral não tem em conta as especificidades das inter-relações naturais-económicas na biosfera terrestre, que não são de equilíbrio. As próprias leis da biofísica ou da geoquímica não podem ligar a categoria de "oferta ecológica" da Terra à procura dos seus bens ecológicos. Coloca-se naturalmente a questão: como se pode alcançar a ressonância na resolução destes complexos problemas metodológicos interdisciplinares? A atividade económica no ESES, de acordo com as exigências do conceito de desenvolvimento sustentável, deve assegurar a estabilidade do funcionamento da biosfera, adaptando-se às leis da natureza e aos mecanismos dos processos de troca de energia, matéria e bioinformação que ocorrem na superfície da Terra. Por conseguinte, o fator decisivo aqui não é o estado de equilíbrio, mas o estado de estabilidade do orçamento energético da Terra. Tal estado na ESES é possível se o volume dos processos económicos no uso da terra corresponder à potencial eficiência biofísica do seu capital natural. A propósito, um exemplo de estabilidade, especialmente o orçamento de negentropia em sistemas biofísicos, pode ser a estabilidade de moléculas como $H_2 O$ ou CO_2, e assim por diante.

A estabilidade do orçamento de negentropia de cada ecossistema local da paisagem, como já observámos, é um pré-requisito fundamental para a preservação da biomassa, de acordo com a lei da conservação da biomassa de V. Vernadsky. Portanto, pode-se argumentar que a biomassa do capital natural e o capital de fertilidade da Terra, que, juntamente com o capital humano, preservam a ordem biofísica no planeta, são capital absoluto e desempenham a função de transformar a bioinformação vinda do espaço para a superfície da Terra em trabalho efetivo [55;78].

Esta função, na nossa opinião, pode ser designada por função físico-económica (espacial) do desenvolvimento sustentável do Estado ou do ESES mundial.

Para alcançar o desenvolvimento sustentável dos ESES, como já esclarecemos, é necessário aderir, em primeiro lugar, aos requisitos de preservação do potencial termodinâmico da eficiência dos seus ESES. Neste contexto, o critério prioritário passa a ser o abastecimento ecológico do ESES e não o seu abastecimento económico. Porque, na perspetiva da economia neoclássica, se um recurso é renovável, a sua exploração pode ser intensificada, independentemente do facto de esta exploração poder perturbar e reduzir a reserva de energia livre para o "trabalho" de uma determinada biogeocenose. Portanto, comparar apenas a procura económica (artificial) e a oferta económica de um determinado produto do capital natural é, em nossa opinião, insuficiente. Neste contexto, a teoria do esgotamento iniciada nos anos 30 por H. Hotelling, que é agora utilizada pelos governos dos países ocidentais para tomar decisões estratégicas em matéria de política ambiental, deve ser complementada com uma teoria físico-económica do desenvolvimento sustentável da ESES [55]. A aplicação de abordagens físico-económicas para preservar a energia livre de cada EES evitará um maior esgotamento da energia da natureza da Terra.

A tomada em consideração das limitações das possibilidades do meio natural, como é sabido, levou H. Hotelling à equação da compensação da depreciação.

Vamos aprofundar estas questões.

Suponhamos que temos vários depósitos de recursos minerais não renováveis, como o petróleo, ilustrados na Figura 1.3.1.

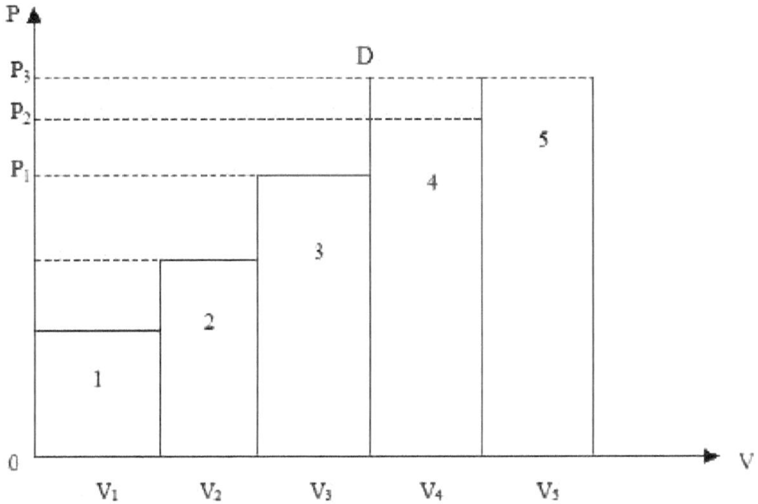

Fig. 1.3.1. Exploração dos bens ambientais não renováveis na economia

A procura deste recurso é constante e igual a$_{P3}$. Se explorarmos os depósitos 1-3, cada um fornecendo um volume de petróleo V -V_{13} , o seu preço será P_1 . No entanto, como os depósitos iniciais não são potentes, esgotar-se-ão rapidamente e teremos de explorar o depósito 4. Neste caso, o preço subirá para P_2 . Se este depósito se esgotar, o preço voltará a subir para P_3 , e assim sucessivamente.

Que conclusões se podem tirar deste exemplo?

1. A limitação dos bens ambientais na ESE conduz a um aumento dos preços a longo prazo, uma vez que a sua procura não é elástica. No nosso caso, a procura é estável e igual a P_3 . Isto indica que as questões relativas à fixação de preços adequados para os bens criados pelo capital natural na Terra continuam por resolver a curto prazo.

2. Numa economia que visa maximizar o rendimento através do crescimento económico, existe uma tendência persistente para aumentar a exploração dos bens ambientais da Terra. Este facto proporciona a alguns

países do mundo inteiro a oportunidade de obterem uma elevada taxa de rendimento do capital adicional criado pelo homem.

3. O preço de mercado formado pela interação entre a oferta económica e as necessidades sociais, sem ter em conta a oferta ecológica da Terra, não pode servir de indicador para o desenvolvimento sustentável da ESE.

4. O mecanismo tradicional de preços de mercado não garante a regulação de uma economia ecologicamente sustentável como a ESE. Isto leva a um crescente esgotamento da fertilidade natural da biosfera terrestre e a uma diminuição da sua produtividade biológica e biodiversidade.

Como é sabido, uma das principais caraterísticas do desenvolvimento da economia mundial no século XXI, enquanto sistema auto-organizado, é o desenvolvimento da informação. Este desenvolvimento garante a qualidade do progresso económico moderno [24]. A formação de uma sociedade da informação contribui para o crescimento da produtividade económica do capital produzido pelo homem, reduzindo a extração de matéria viva do ambiente natural. Graças ao desenvolvimento de tecnologias inovadoras e de novos sistemas de informação, esta tendência pode ter um carácter estável a longo prazo. No entanto, coloca-se uma questão: será que esta estratégia popular de desenvolvimento económico garante um crescimento proporcional ou, pelo menos, a estabilidade da produtividade biológica do capital natural na Terra, no contexto dos requisitos do conceito de desenvolvimento sustentável? Como já estabelecemos anteriormente, a acumulação de capital produzido pelo homem contribui para a intensificação da entropia no ambiente, uma vez que provoca um aumento da pressão (direta ou indireta) sobre os ESES.

Por conseguinte, a principal questão relativa às vias de desenvolvimento sustentável da economia é: como maximizar o nível de produtividade não só económica mas também biológica do capital natural na Terra? Neste contexto, surge a necessidade de formar uma economia da bioinformação, que maximize a preservação da bioinformação na superfície da Terra. Isto não pode ser alcançado sem a criação de um mecanismo organizacional-económico correspondente para aumentar a biomassa do capital natural na Terra.

O "trabalho" máximo útil dos subsistemas naturais está sempre relacionado com as funções termodinâmicas de energia livre F, cujo volume é determinado espacialmente. A função de produção de cada ESES local é derivada destas funções de energia livre do seu capital natural. A preservação desta energia determina a eficiência do subsistema natural e, por conseguinte, a eficiência do SEE como um todo a longo prazo.

Assim, para que a economia do desenvolvimento sustentável da ESE seja adequadamente "encaixada" na análise macroeconómica, sobretudo em termos de preservação da eficiência biofísica do capital natural, é aconselhável, na nossa opinião, construir uma curva de eficiência físico-económica da ESE (Fig. 1.3.2).

Ao considerar a eficiência físico-económica do subsistema socioeconómico da ESE como funcionalmente dependente da eficiência biofísica do seu capital natural na Terra, é possível construir uma curva de eficiência físico-económica da ESE (Fig. 1.3.2).

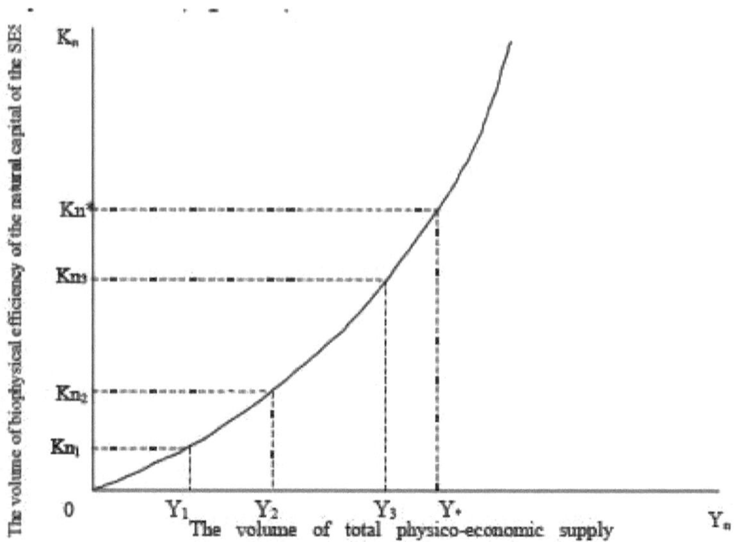

Fig. 1.3.2. Curva de eficiência físico-económica dos sistemas ecológico-sócio-económicos (ESES).

A exploração das interdependências entre as componentes da oferta total de bens ecológicos e a oferta total de bens económicos, calculadas com base na agregação de indicadores relevantes de ESES de nível meso, permitir-nos-á abordar a justificação de novas identidades macroeconómicas espaciais de desenvolvimento sustentável para ESES. No entanto, estas questões só podem ser abordadas através da modelação de novas funções do modelo noosférico de desenvolvimento sustentável para os ESES. Como já foi referido, uma caraterística distintiva da formação do modelo noosférico de desenvolvimento sustentável para os ESES é o facto de ter em conta a importante função do capital natural à superfície da Terra, que não é considerada em estudos anteriores relacionados com o desenvolvimento sustentável - a função da negentropia. É na superfície da Terra que a negentropia se pode acumular ou dissipar. Por conseguinte, o capital natural na Terra é um regulador do volume de negentropia como recurso de manutenção da vida no planeta.

Assim, é o principal fator da eficiência biofísica do espaço terrestre de cada ESES.

Como se pode ver na Fig. 1.3.2, a eficiência físico-económica dos ecossistemas terrestres é determinada pela eficiência biofísica, nomeadamente a produção anual de matéria viva. Por conseguinte, um problema metodológico importante da economia do desenvolvimento sustentável para os ESES consiste em determinar a avaliação da eficiência dos seus ecossistemas terrestres (TES).

Abordando a avaliação do papel do capital natural planetário - a película da vida - com base nos ensinamentos noosféricos de V. Vernadsky, este capital é essencialmente a propriedade social global de toda a população do planeta, uma vez que desempenha não só uma função económica, mas também uma função de preservação da vida no planeta. Neste contexto, é necessário considerar o capital natural intacto da Terra como algo que desempenha uma função clara de preservação das biogeocenoses como mercados espaciais da natureza.

Atualmente, a atividade económica humana, juntamente com outros subsistemas naturais do SEE, participa em cadeias de processos de intercâmbio. Ao utilizar os recursos naturais para a atividade económica, as pessoas podem intensificar este intercâmbio natural. Assim, um ciclo biossocial qualitativamente novo de matéria, energia e bioinformação é formado no processo de utilização da natureza, levando a uma mudança na estrutura das relações, primeiro na natureza e depois no ESES como um todo.

Isto leva às seguintes conclusões:

- O modelo físico-económico de desenvolvimento económico sustentável deve ter em conta a abordagem noosférica, que consiste em determinar os factores de equilíbrio entre cada componente do sistema eco-sócio-económico com base no critério da preservação da função negentrópica do capital natural na Terra;

- O modelo noosférico de desenvolvimento económico é um modelo que salva vidas, pois prevê a preservação simultânea do bem-estar económico, social e ambiental, não só para as gerações actuais, mas também para as futuras;

Para alcançar o desenvolvimento sustentável dos ESES, a tarefa fundamental é maximizar a acumulação de negentropia como fonte de preservação da vida orgânica no planeta.

1.4. Investimentos Energéticos Espaciais em ESES da Terra

Os investimentos desempenham um papel crucial no desenvolvimento económico, uma vez que o seu volume tem um impacto positivo na produção nacional, no desenvolvimento de infra-estruturas e na criação de empregos adicionais. Naturalmente, coloca-se a questão: o que podem ser considerados investimentos primários para o desenvolvimento de sistemas eco-socio-económicos complexos de vários níveis hierárquicos? No seu cerne estão os sistemas ecológicos terrestres (TES) ligados à biosfera externa pelo ciclo da energia, da matéria e da bioinformação. Para se reproduzirem, os TES recebem um fluxo de energia solar e uma certa quantidade de bioinformação do espaço. Como esclarecido anteriormente, esta bioinformação pode fornecer impulsos para o "trabalho" dos TES e é uma fonte da capacidade operacional do capital natural na Terra e, consequentemente, da "eficiência" dos ESES a longo prazo.

Considerando os investimentos espaciais totais (investimentos espaciais da biosfera), estes podem ser interpretados como um certo fluxo de energia solar do espaço para sustentar e aumentar o volume de capital natural na Terra. Uma parte destes investimentos vai para a sua sustentação (investimentos brutos). Se subtrairmos o montante dos investimentos utilizados (depreciação), obtemos os investimentos líquidos. São estes investimentos líquidos, acumulados, que formam o orçamento negentrópico do TES (N_{vn}) e servem assim de base ao orçamento energético do ESES.

Quais são as diferenças entre investimentos puramente económicos e investimentos espaciais (energia)? Em economia, os investimentos dependem do volume de capital disponível, do seu nível de utilização, da sua rentabilidade e da taxa de juro existente no mercado nesse momento. Em contraste, o volume de investimentos espaciais (energéticos) depende principalmente da quantidade disponível de biomassa verde num sistema ecológico terrestre específico. Portanto, a economia da vida (a economia da película da vida) forma a base para o desenvolvimento de uma economia tecnocrática, e não vice-versa.

Se a vegetação verde for preservada no TES, a energia solar será mais eficazmente absorvida, tornando o TES significativamente mais produtivo. Assim, salvar (preservar) a biomassa de matéria viva nos TES é a base para o seu "investimento" adicional através da assimilação da energia solar. Simultaneamente, as actividades económicas neles desenvolvidas não devem dissipar estes investimentos espaciais primários, uma vez que os investimentos em energia solar são uma componente vital das fontes de manutenção da vida no planeta. Estes investimentos atingem sistematicamente a superfície da Terra, fornecendo impulsos para a produção de novos bens e serviços ecológicos no TES. O que é que pode impedir este afluxo?

É certo que podem existir obstáculos de natureza objetiva e subjectiva. Os primeiros incluem a redução da biodiversidade, a desertificação, as alterações climáticas e outros processos que já ocorreram. Quanto aos obstáculos subjectivos, o aumento das emissões para a atmosfera e a sua crescente poluição "bloqueiam" a chegada de fluxos de energia solar completos à superfície da Terra. Isto também acontece devido ao uso excessivo do solo e à pressão antropogénica sobre a superfície da Terra, devido às actividades económicas. Neste caso, a biomassa da superfície terrestre perde-se, interrompendo o ciclo natural de energia, matéria e bioinformação.

Assim, pode afirmar-se que os investimentos primários (espaciais) que atingem a superfície da Terra devem ser objeto de uma atenção especial na macroeconomia física. A diminuição do seu volume em cada ESE contribui para a degradação e a destruição. Note-se que, atualmente,

20% da população mundial vive em países estéreis (áridos) onde os processos de degradação da terra estão a progredir devido à erosão excessiva do solo. Anualmente, mais de 20 milhões de hectares de terras anteriormente férteis em todo o mundo tornam-se impróprias para a produção agrícola e mais de 6 milhões de hectares transformam-se em desertos [10;55].

As alterações negativas do sistema eco-socio-económico do planeta exigem a aplicação de ideias de uma ciência interdisciplinar como a sinergética na teoria físico-económica do desenvolvimento sustentável. Esta ciência estuda os mecanismos coevolutivos de sistemas complexos constituídos por subsistemas de natureza diferente. Ao examinar a unidade de vários fenómenos e processos, a sinergética aborda os problemas da transição da desordem para a ordem. Explora os factores subjacentes à emergência de estruturas estáveis através da auto-organização.

Uma vez que a evolução no Universo, e portanto em todos os níveis locais da sua hierarquia estrutural, ocorre em direção à ordem e à complexidade através da auto-organização, é essencial determinar o potencial de auto-organização para o subsistema natural do ESES. Vamos ilustrar a trajetória do potencial de auto-organização com a ajuda de um gráfico (Fig. 1.4.1).

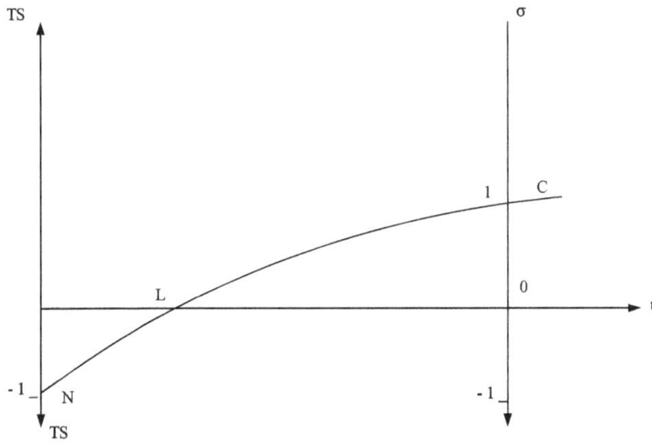

Fig. 1.4.1. Direção da auto-organização do subsistema natural do ESES.

Como se vê, a eficiência mínima do sistema será atingida no ponto L, a máxima no ponto C, e no ponto N, o sistema está desordenado, pois atingiu o nível máximo de entropia. Assim, quanto maior for a vantagem de Ts sobre TS, maior será o capital natural na Terra (Kn) e, consequentemente, maior será a eficiência biofísica de todo o ESES.

No entanto, tendo em conta a necessidade de preservar ao máximo a eficiência da biosfera e, consequentemente, de cada biogeocenose local, é importante determinar a norma da sua preservação. As condições fundamentais neste contexto são:

$$Yn \rightarrow max; \quad (1.4.1)$$
$$Kn \rightarrow 1. \quad (1.4.2)$$

Por outras palavras, para modelar a função de desenvolvimento sustentável da ESES, é necessário considerar não só a avaliação do consumo económico, mas também a avaliação da procura biofísica no "mercado" do ambiente local - biogeocenose. Vamos representar isto graficamente (Fig.).

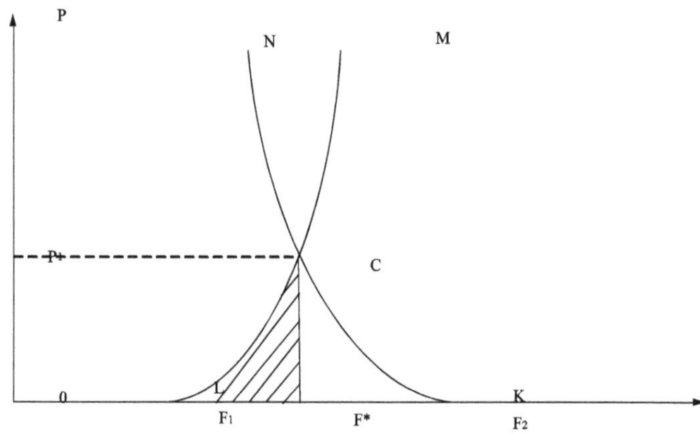

Fig. 1.4.2. Avaliação económica da viabilidade biofísica do aumento da eficiência da ESE.

Como se pode ver na Fig. 1.4.2, há vários parâmetros que moldam essas avaliações (P):

OL - potencial interno de eficiência do ESES (energia interna E);

LM - fornecimento de energia livre de ESES dentro dos limites biofisicamente razoáveis da utilização do solo;

NK - procura da eficiência potencial da ESE com base nas necessidades da economia.

Então, para a quantidade de energia livre F1 F* do ESES, que indica a possibilidade de aumentar a eficiência admissível do sistema (carga antropogénica sobre ele), a avaliação económica da preservação da sua estabilidade biofísica aumentará em OR1.

Daqui podemos concluir que, se na ciência económica neoclássica o valor de um bem económico é determinado pela escolha subjectiva e pelas avaliações do consumidor económico, então, no período moderno da economia do desenvolvimento sustentável, as prioridades são as avaliações da escolha biofísica relativamente ao equilíbrio do ESES, que envolve o aumento da eficiência da biosfera através da expansão do orçamento energético da Terra.

Neste contexto, é fundamental respeitar os seguintes princípios:

1) Correspondência da avaliação da utilidade marginal dos bens económicos criados com o critério da bioprodutividade marginal do capital natural da ESES;

2) A tecnologia de produção de bens económicos deve estar subordinada às condições de preservação máxima da eficiência do subsistema natural de cada ESE;

3) Simetria entre os indicadores de eficiência físico-económica das actividades económicas e os indicadores de bioprodutividade anual da ESES, que está no centro da ESES.

A adesão a estes princípios é necessária para fundamentar uma base metodológica físico-económica abrangente para a formação de uma economia do desenvolvimento sustentável, uma vez que os processos nos sistemas eco-sócio-económicos podem ter consequências em dois vectores:

- Estruturação conducente à auto-organização da ESES;
- Degradação conducente à destruição da integridade do ESES.

Atualmente, existe uma tendência que indica que a economia global visa, em geral, aumentar a sua poupança e investimentos globais para alcançar a estabilidade dos lucros futuros. Também subsidia a investigação ou os desenvolvimentos inovadores no domínio das fontes de recursos renováveis, que devem substituir as não renováveis [13;19;55]. No entanto, isto só pode ser parcialmente conseguido através da persuasão, reforçada por políticas monetárias e fiscais relevantes, de que os cálculos do pagamento pela utilização de recursos não renováveis devem ser adicionados aos investimentos actuais. Estes investimentos adicionais poderiam ser direcionados para medidas socialmente benéficas, como a restauração e preservação dos recursos naturais, no âmbito de um sistema de impostos e subsídios cuidadosamente concebido [55;56].

Se olharmos para este problema à escala global, torna-se evidente a necessidade de substituir as fontes de energia não renováveis não só por outras fontes de rendimento, mas também por outras fontes de energia que sejam renováveis.

Então, o que é preciso fazer na procura de um equilíbrio sustentável entre o estado da biosfera e a atividade económica mundial? Toda a economia mundial assenta na atividade constante das entidades económicas com vista a assegurar um crescimento económico contínuo. Tradicionalmente, esta atividade é considerada não só como altamente desejável para aumentar o bem-estar material, mas também como um estímulo significativo para o progresso económico dos países em desenvolvimento, contribuindo assim para a erradicação da pobreza. Será que é mesmo assim?

O impacto crescente da economia global em "constante expansão" no planeta leva ao aparecimento de novos fenómenos extremos e à intensificação dos já existentes, como inundações, furacões, tempestades, terramotos, etc. Simultaneamente, a degradação e o esgotamento dos solos, bem como a reconversão das terras agrícolas para a construção de habitações e de infra-estruturas, agravam a questão já aguda da crise alimentar, que afecta particularmente as populações dos países em desenvolvimento.

Por conseguinte, a formação de uma economia de desenvolvimento sustentável exige o reconhecimento da inevitabilidade de limitações a certas formas de crescimento, nomeadamente a redução da carga económica sobre a superfície e o subsolo da Terra e a diminuição significativa do consumo de recursos e da poluição ambiental. Neste contexto, consideramos que as afirmações de muitos políticos e economistas sobre a necessidade de uma expansão económica constante devem ser objeto de dúvida e, consequentemente, de uma crítica construtiva. Infelizmente, nas condições actuais, o crescimento económico já não é um meio para resolver problemas sociais como o desemprego e a pobreza. Isto porque a economia já não pode ser tratada como um sistema fechado, autossuficiente e isolado da natureza, onde a circulação de recursos, bens e dinheiro ocorre num ciclo fechado. Uma vez que a humanidade, com as suas actividades económicas, se tornou um "fator de transformação geológica" na existência da biosfera, a economia deixou de ser um sistema mecanicamente isolado, uma vez que as suas alterações dependem agora significativamente deste fator.

Ao mesmo tempo, sendo um ESE planetário, a economia global é funcionalmente dependente dos processos e fluxos que ocorrem na biosfera e na sua parte terrestre, incluindo as capacidades limitadas de "produzir" água limpa e produtos da fotossíntese terrestre. Portanto, como argumentamos na secção III, o fluxo de investimentos em negentropia $(T\sigma)$ deve prevalecer sobre o fluxo de entropia (Ts), e para cada ESES, a condição deve ser satisfeita [55]:

$$In = T\ \sigma > Ts. \tag{1.4.3}$$

Assim, conseguiremos preservar a eficiência natural do ESES, que é um pré-requisito crucial para garantir uma produtividade físico-económica estável do ESES integral. A este respeito, podem ser dados os seguintes exemplos.

Por exemplo, a redução do teor de húmus nos solos dos sistemas agroecosocioeconómicos devido ao aumento dos fluxos de entropia de "investimento" leva a uma diminuição significativa da produtividade. Do mesmo modo, a diminuição do teor de substâncias orgânicas nas águas minerais terapêuticas devido ao aumento da entropia de "investimento" reduz significativamente a sua eficácia médica, afectando assim a eficiência económica dos sistemas eco-socio-económicos recreativos.

Simultaneamente, a diminuição da eficiência dos ESE devido a fluxos cada vez maiores de investimentos em entropia resultantes de cargas antropo-tecnogénicas excessivas e de outros impactos da economia global tecnocrática é um processo irreversível que conduz a novas reduções da sua estabilidade.

O objetivo tradicional da atividade económica é maximizar a produção (output) durante um determinado período em termos de dinheiro. No entanto, em nossa opinião, é finalmente necessário exigir que essa maximização seja subordinada à limitação de minimizar a entropia potencial associada à alteração da estrutura e da produtividade biológica do ambiente natural local em cada ESES.

Os investimentos em bioinformação espacial <u>são os fluxos de bioinformação</u> que transitam para a superfície terrestre com a energia solar. Assimilados pela vegetação terrestre, são fontes de criação de nova fitomassa nos sistemas ecológicos terrestres.

Ao mesmo tempo, a categoria de reserva é o capital espacial da Terra, que tem uma natureza material-energética, desempenha a função de ordenar a negentropia em cada ecossistema da paisagem e é caracterizada por certos parâmetros normativos de eficiência biogeoquímica para cada tipo de paisagem[56]. [56] Este capital representa o fundo de eficiência fotossintética das várias biocenoses (sistemas paisagísticos).

Descobrimos que este capital é influenciado por factores internos e externos. Os factores internos incluem a diminuição da energia de fotossíntese devido à perda de cobertura biogeocenótica nos sistemas ecológicos terrestres. Os factores externos envolvem alterações na estrutura cenótica do ecossistema da paisagem devido a alterações na temperatura do ar.

Simultaneamente, a eficiência do capital espacial da Terra é determinada pelo seu volume e pela área de cada ecossistema terrestre. (ver a função da proposta ecológica da Terra no § 3.3 Sustentabilidade Espacial: Uma Tentativa de Análise Macroeconómica Física (p. 74-79)) [56].

O resultado do "trabalho" deste capital é uma certa quantidade de fitomassa em centner por hectare, que é o principal fator de reprodução da película da vida. A proposta ecológica da Terra é funcionalmente dependente deste capital.

Se a proposta ecológica da Terra diminuir, isso indica que a produtividade potencial da fotossíntese de várias biocenoses não será totalmente utilizada. Como resultado, os ecossistemas terrestres sofrerão perdas significativas de energia, produzindo assim muito menos carbono sequestrado, absorvendo menos dióxido de carbono e não devolvendo à atmosfera a quantidade correspondente de oxigénio.

Quais são as consequências deste facto para o ambiente?

Por um lado, os desvios (no sentido da redução) do potencial de produção de fotossíntese de um determinado ecossistema terrestre têm um impacto significativo nas condições climáticas locais. Esta situação vai-se agravar na biosfera terrestre e perturbar cada vez mais o sistema climático global, reduzindo a resiliência espacial na "película da vida". Por outro lado, esta situação conduz a uma diminuição da capacidade ecológica dos territórios de várias películas de paisagem da vida, estreitando assim o potencial cumulativo da sua reprodução.

A redução da capacidade ecológica (permeabilidade) do território de cada paisagem exige um sistema de regulação correspondente no que respeita às cargas admissíveis da economia. A procura de cada ecossistema terrestre para a produção de fotossíntese é regulada pelo nível normativo do potencial de produção de fotossíntese da sua cobertura biogeocenótica. Esta fitomassa representa os "depósitos" da superfície terrestre.

Vejamos estas questões em mais pormenor.

Seja o volume de depósitos naturais numa paisagem florestal de faias de 3700 centavos por hectare (c/he). Então a taxa de reserva obrigatória de fitomassa será: [55]

$$k_m = \frac{1}{k_e} = 1 : 0,59 = 0,016 = 1,6\% \qquad (1.4.4)$$

Então, o volume das reservas excedentárias de fitomassa, que constitui o recurso para "creditar" a economia, será:

$$3700\ c/he - \frac{3700\ c/he \cdot 1,6}{100} = 3641\ c/he$$

A capacidade ecológica deste ecossistema paisagístico é equivalente a:

$$X = \frac{3641}{3700} \cdot 100 = 98,4\% \qquad (1.4.5)$$

Isto mostra que a capacidade ecológica admissível deste ecossistema paisagístico é de 98,4% do seu território.

Ao mesmo tempo, no planeamento espacial para o desenvolvimento económico sustentável, os desvios da capacidade real de produção de fotossíntese em relação à capacidade normativa neste sistema paisagístico da floresta de faias também devem ser tidos em conta. Se, por exemplo, a capacidade física é apenas 40% da potencialmente possível, então isto reduz significativamente a capacidade ecológica real desta paisagem. Por conseguinte, o volume (escala) da atividade económica no espaço desta paisagem deve ser determinado em conformidade.

1.5. Teoria do Valor e Problemas de Determinação da Avaliação Monetária da Película da Vida na Macroeconomia Física

O princípio fundamental da ciência económica é que tudo deve ter um preço. Obviamente, numa economia de mercado, o preço é determinado pela oferta e pela procura. Ao mesmo tempo, a ciência macroeconómica lida não só com os produtores, mas também com os consumidores de vários bens, incluindo os naturais, que devem ser devidamente avaliados. Tudo o que contribui para o bem-estar das pessoas tem, sem dúvida, um certo valor social, porque as beneficia.

Se fenómenos como o desemprego, a inflação, o crescimento económico ou as taxas de juro afectam diretamente o bem-estar económico da humanidade e são bem conhecidos, como avaliar fenómenos e bens que contribuem para o bem-estar ecológico e, em última análise, para o bem-estar global da vida? A atividade económica não se desenvolve no vazio, mas no espaço da biosfera terrestre, onde a vida existe graças ao "trabalho" coordenado dos processos de troca. Se estes processos forem perturbados, as bases fundamentais da existência da economia serão afectadas. Como explicar a interligação destes fenómenos e processos aparentemente distantes?

Que valor têm os bens dos sistemas ecológicos terrestres, como a água potável ou o ar puro, que são essencialmente sustentadores da vida? A sua subestimação (ou a ausência total do seu preço) na economia conduz a novas espirais de problemas relacionados com alterações nas funções reprodutivas do ambiente e da sociedade. Nestas condições, é difícil realizar qualquer previsão macroeconómica, uma vez que os indicadores de fluxo são medidos apenas em coordenadas temporais, ignorando as coordenadas espaciais da formação de valor adicional. Ao mesmo tempo, o valor adicional é criado na economia tanto vertical como horizontalmente. Além disso, os recursos que sustentam a vida, como a água e o oxigénio, são formados no espaço da biosfera terrestre.

No seu tempo, Adam Smith interrogava-se sobre a razão pela qual a água, essencial à vida, tem um preço baixo, enquanto os diamantes, nem sempre necessários, têm um preço elevado. É evidente que esta situação se deve ao facto de o valor da água ou do oxigénio ser determinado sem ter em conta a situação do mercado primário, "natural". Com efeito, o oxigénio livre é aí formado pela fotossíntese, como produto da decomposição da água em hidrogénio.

O oxigénio livre é justamente considerado um "ditador geoquímico" na biosfera, uma vez que determina as vias de migração e a concentração de muitos elementos e compostos químicos na superfície e na crosta terrestre. Ao mesmo tempo, a produção de matéria viva requer a energia do Sol, que pode participar direta ou indiretamente nos processos vitais. Os elementos da matéria orgânica, como o oxigénio, o carbono, o hidrogénio, o azoto, etc., "carregados" com energia solar e armazenando-a durante muito tempo, podem ser considerados acumuladores geoquímicos que servem de fonte de energia tanto para a biosfera como para a economia.

Estes acumuladores geoquímicos participam também na produção de matéria viva, formando novos fluxos de processos de manutenção da vida na Terra. Trazem benefícios globais tanto para a natureza como para a economia, contribuindo para a preservação da biodiversidade e prevenindo processos de desertificação do planeta. Sendo uma das fontes de preservação dos ecossistemas naturais e da existência da sua "economia" em estado estável, estes acumuladores geoquímicos desempenham um papel extremamente importante na manutenção da integridade da biosfera terrestre como um todo, sendo, portanto, um fator de estabilidade da película da vida. Por conseguinte, é evidente a necessidade de determinar o seu valor com base na física do marginalismo, considerando a utilidade marginal não só da própria película da vida, mas também das suas funções de preservação da estabilidade dos ecossistemas naturais do planeta e de criação da "energia do progresso", segundo M. Rudenko.

Para compreender o paradigma físico-económico da teoria da utilidade marginal, é necessário aprofundar o desenvolvimento da teoria da utilidade marginal pelo cientista ucraniano M. Tugan-Baranovsky na ciência económica clássica. O papel desempenhado pela revolução marginalista no desenvolvimento da teoria económica reside essencialmente no facto de a introdução dos conceitos de quantidades marginais (custos, utilidade, produtividade, propensões) na circulação científica ter permitido criar um novo instrumento de análise da realidade económica, que utiliza modelos de matemática superior. Em vez dos problemas dinâmicos da teoria clássica, que visava estudar o crescimento do bem-estar social em função das taxas de acumulação de capital e de crescimento da população e que apenas descrevia verbalmente o comportamento da economia a longo prazo, a orientação neoclássica coloca no centro da sua teoria o comportamento dos agentes económicos individuais - consumidores individuais e empresas que procuram maximizar a sua utilidade (para a empresa, trata-se da maximização do lucro). Além disso, estes problemas, que ajudam a resolver problemas económicos baseados na teoria da utilidade marginal, têm uma formulação puramente matemática e uma solução matemática exacta.

Assim sendo, pode dizer-se que as teorias da utilidade marginal alargaram o objeto da própria ciência económica. Com base na orientação neoclássica, surgiram novos elementos da teoria económica, nomeadamente: a teoria do preço de mercado, a doutrina do espírito empresarial, a teoria do comportamento do consumidor, a teoria da produção em condições de concorrência perfeita, que formaram uma secção separada da ciência económica - a microeconomia.

O cientista ucraniano M. Tugan-Baranovsky fundamentou duas abordagens à síntese da teoria da utilidade marginal e do valor do trabalho. Uma é para o mundo real de uma economia capitalista, e a outra é para uma economia ideal futura. É esta segunda síntese que analisaremos mais adiante.

Por um lado, como afirma M. Tugan-Baranovsky, o processo económico persegue sempre um objetivo externo, adaptando o ambiente a novas necessidades. Por outro lado, atinge os objectivos estabelecidos, que servem de meio para atingir outros objectivos. Assim, meios e fins, custos e lucros, são dois pólos entre os quais existe a atividade económica. A procura da "maior utilidade económica com os menores custos" confere ao processo económico um carácter duplo. De acordo com o cientista, toda a vida económica, apesar dos seus desafios significativos, se enquadra nestas duas categorias [9].

Definindo o processo de produção como a única substância de valor absoluto, M. Tugan-Baranovsky afirma essencialmente que uma mercadoria é a única criação do trabalho humano. O cientista define-a como uma força mecânica numa perspetiva puramente técnica, fazendo uma distinção mínima entre trabalho humano, animal e mecânico. No entanto, do ponto de vista do economista, que estuda os fenómenos económicos como um problema de interesse humano, M. Tugan-Baranovsky defende que o trabalho humano não pode ser equiparado a factores não humanos, uma vez que as despesas do trabalho humano são equivalentes às despesas da personalidade humana. Portanto, ele reconhece apenas o trabalho humano como produtivo.

A conclusão a que se chega é que só o trabalho humano produz riqueza. Este conceito de valor do trabalho, segundo ele, distingue-se fundamentalmente dos outros por simbolizar não o objeto da atividade humana, mas a própria humanidade.

M. Tugan-Baranovsky reconhece que, no processo de produção, estão envolvidos não só os seres humanos, mas também os meios de produção. Se não só os seres humanos, mas também outros recursos produtivos participam no processo de produção, porque é que o investigador considera todos os bens como criações exclusivas do trabalho? Por que razão reconhece o trabalho humano como um fator ativo na produção? Porque é que ele acredita que os vários tipos de trabalho humano são iguais e os reduz ao conceito de trabalho social? A razão, de acordo com M. I. Tugan-Baranovsky, reside na ideia ética da economia política - mais-valia, afirmando assim o valor igual da personalidade humana. Isto dá-nos o direito de considerar todos os tipos de trabalho humano como um único trabalho social [179].

Apesar do seu fundamento ético, a teoria dos custos absolutos de M. Tugan-Baranovsky tem pouco em comum com a teoria do "valor absoluto" de Karl Marx. Para este, o trabalho era a substância absoluta do valor, enquanto para M. Tugan-Baranovsky é a substância absoluta dos custos [12;3;66].

No entanto, o que dizer dos bens ecológicos que têm escassez absoluta e não são criados pelo trabalho? São simultaneamente valiosos para a natureza e para os seres humanos, possuindo tanto valor biofísico como económico.

Segundo M. Tugan-Baranovsky, todos os bens com valor económico são económicos. Para que um bem tenha um preço, é necessário que tenha uma escassez relativa. Por conseguinte, os bens não criados pelo trabalho, como as florestas ou a terra, são considerados bens económicos, mas carecem de valor absoluto, uma vez que são dádivas da natureza. Por exemplo, a terra virgem tem apenas valor, ao passo que o pão tem valor e valor [12].

Como já foi referido, M. Tugan-Baranovsky foi o primeiro a sintetizar a teoria do valor do trabalho com a teoria da utilidade marginal. Esta afirmação é crucial, uma vez que é frequentemente discutida na literatura inglesa como a revolução marshalliana na teoria económica. No entanto, M. Tugan-Baranovsky foi o primeiro a contribuir para esta síntese. Infelizmente, a prioridade do académico ucraniano na síntese das teorias do valor do trabalho e da utilidade marginal é frequentemente ignorada na literatura científica estrangeira.

No final do século XIX, surgiu um novo tipo de investigação económica, que mudou o foco dos valores médios para os valores marginais, concentrando-se na procura de resultados óptimos com recursos limitados. Este facto marcou o advento da economia neoclássica, caracterizada por:

- Problemas de extremos condicionais;
- Utilização de quantidades marginais;
- Aplicação de métodos matemáticos para a análise de fenómenos e processos económicos.

No contexto do desenvolvimento de uma economia sustentável, o problema metodológico da definição do valor e do património torna-se mais complicado. É necessário determinar o valor da existência da matéria viva e a preservação dos recursos naturais, bem como as suas funções nos processos de manutenção da vida na Terra. Neste contexto, surge a questão-chave: como podemos determinar o valor da "película da vida" e o valor da sua preservação para as gerações futuras? É a principal fonte de criação da "energia do progresso", juntamente com a energia solar. Por conseguinte, o indicador-chave é a proposta ecológica da Terra. Se a biomassa do capital natural diminuir, isso indica uma redução da sua capacidade bio-informacional e, consequentemente, um aumento do seu valor total para a natureza da Terra.

A introdução de factores físicos de manutenção da estabilidade da biosfera na circulação científica das categorias económicas amplia significativamente a teoria da utilidade marginal. Como já foi referido, no século XVIII, Adam Smith interrogava-se sobre a razão pela qual os bens de grande utilidade (como a água ou o ar) têm um valor muito baixo ou não têm qualquer valor, enquanto outros bens, cuja utilidade para as necessidades humanas não é elevada (como os tapetes, etc.), têm um valor elevado. Assim, um copo de água, essencial para a sobrevivência humana, é mais barato do que uma lasca de diamante. Não é de admirar que, atualmente, os bens do Facebook sejam consideravelmente mais caros do que todos os recursos terrestres do planeta.

Infelizmente, surgiu uma situação no mundo em que não só os recursos do ambiente natural, devido à sua escassez, estão a ganhar cada vez mais valor para a humanidade. Coloca-se a questão da preservação da integridade da biosfera terrestre como um todo, sem a qual a vida não pode existir. Por conseguinte, a teoria da utilidade marginal torna-se cada vez mais necessária para determinar o valor das suas funções de conservação.

Como é sabido, Adam Smith abordou a questão do valor a partir de duas posições [12]:

1. A utilidade do objeto ("valor de uso").
2. A possibilidade de adquirir objectos qualitativamente diferentes em troca de um objeto específico ("valor de troca ou valor de troca").

Mais tarde, David Ricardo justificou o conceito de "valor relativo". Este valor está relacionado com a troca de diferentes bens económicos e é representado como uma relação de troca. Assim, se um bem A é trocado por um bem B, então a quantidade de A está relacionada com o conteúdo de trabalho de uma unidade de B. Karl Marx utilizou esta teoria do valor, afirmando que "o valor é inteiramente reduzido à quantidade de trabalho; o tempo como medida do trabalho". Por outras palavras, segundo Marx, o valor é o trabalho despendido, medido em tempo de trabalho.

Por outro lado, a ciência económica neoclássica centra-se nos problemas do valor dos bens económicos com base nas necessidades e nas escolhas subjectivas dos consumidores económicos.

Ao mesmo tempo, os factores espácio-económicos que são pré-requisitos físicos e económicos para a criação de valor adicional não são incluídos na circulação científica da ciência económica neoclássica. Porque é que isto aconteceu? Na nossa opinião, isto deve-se ao facto de, de todos os valores do mundo circundante, esta ciência prestar a maior atenção apenas à produção, distribuição e circulação de bens económicos criados pelo trabalho humano e procurados pelo consumidor económico. No entanto, a diversidade de factores climáticos, paisagísticos e outros factores naturais e as suas funções criam a base (substrato) para assegurar uma vida confortável e são, por isso, bens valiosos e de grande valor, mas têm sido negligenciados e não classificados como categorias económicas.

Como mencionámos anteriormente, a biosfera terrestre, onde vivemos e trabalhamos, é o núcleo onde o valor adicional primário é criado. Este valor adicional é formado devido à reação da fotossíntese e aos fluxos de bioinformação (negentropia) vindos do espaço para a superfície da Terra e incorporados na sua natureza viva. Uma parte destes fluxos é assimilada pela vegetação verde da Terra, criando uma nova matéria viva que, ao tomar a forma da sua produção anual, é a manifestação material do valor acrescentado que a Terra dá e graças ao qual a vida nela continua.

Como é determinado o volume de produção anual de matéria viva? Cada ecossistema paisagístico tem as suas "regras do jogo" relativamente ao volume desta produção.

Infelizmente, hoje em dia, na vida económica, a principal atenção parece centrar-se apenas nas necessidades humanas. A lei do aumento das necessidades humanas indica que o principal "mecanismo" motivacional que impulsiona a economia são as necessidades das pessoas. De acordo com Carl Menger, as necessidades são desejos e aspirações insatisfeitos. As coisas ou acções que satisfazem e preenchem as nossas necessidades são chamadas bens. O seu valor é determinado com base nas avaliações dos consumidores. Mas o que dizer dos bens globais que não são objeto de avaliação direta por parte dos consumidores, como as minas, as betoneiras ou as plataformas de perfuração? De acordo com a teoria de Carl Menger, todos os bens de consumo conferem valor aos recursos produtivos ou factores de produção envolvidos na sua produção. Ou seja, os bens de primeira ordem conferem valor aos bens de ordem superior que são necessários para a produção dos bens de primeira ordem. A sabedoria da teoria da escola económica austríaca reside nesta ideia. O valor é incorporado nos bens de produção na proporção da sua necessidade para a existência (produção) de bens de consumo (objectos de consumo final) [12].

Como se pode determinar o valor da natureza viva na superfície da Terra? Afinal, não se trata apenas de um fator de produção, mas também de um fator de preservação dos processos de vida no planeta. Poderá o seu valor ser simplificado, equiparando-o a outros factores de produção? Representando o espaço da biosfera terrestre, constituído por componentes - ecossistemas de diferentes paisagens, a superfície da Terra é essencialmente um capital espacial global, ou seja, aquele fundo que é a fonte dos processos de vida no planeta. Por conseguinte, o seu valor não pode ser uma função da escolha subjectiva do consumidor. Sabe-se que, segundo a teoria de Carl Menger, "o valor é o que as pessoas atribuem aos bens em função da relação entre o volume da oferta e o nível de satisfação das necessidades. Cada unidade adicional desse bem recebe, portanto, cada vez menos valor". No entanto, o valor da "película da vida" como invólucro da matéria viva (segundo V. Vernadsky) reside na preservação da vida no planeta, uma vez que todos os seres vivos da biosfera criam matéria viva. Os organismos vivos desempenham um papel importante nos processos geológicos que moldam a Terra. A composição química da atmosfera e da hidrosfera actuais é também determinada pelas actividades vitais dos organismos vivos. Por conseguinte, pode dizer-se que a "película da vida" é o principal fator de criação de todos os bens (económicos, ecológicos e sociais) no planeta. No entanto, se os bens económicos de consumo conferem valor aos meios de produção envolvidos na sua produção, então os bens ecológicos são bens livres e o seu valor não pode ser determinado apenas com base na relação entre a sua necessidade e a sua oferta. Uma vez que existe uma ordem natural de aumento da utilidade marginal ("custo de oportunidade") da "película da vida" e das suas funções para a preservação da sociedade e da economia como um todo. Isto acontece devido à rutura da estabilidade dos processos de troca na biosfera e a uma diminuição do volume de produção da fotossíntese terrestre. De acordo com a teoria da biosfera de V. Vernadsky, esta consiste em biogeocenoses individuais, cada uma das quais é valiosa em si mesma [90-92].

Coloca-se a questão: como medir a utilidade total da "película da vida", que é a fonte (fundo) para a criação de quaisquer bens no planeta no futuro? Qual é o critério para esta utilidade? Como a biosfera é um organismo integral, se as biogeocenoses forem perturbadas numa parte do planeta, podem ocorrer perturbações na sua bioprodutividade noutra parte.

Por conseguinte, se quisermos determinar a utilidade total de todo o fundo de matéria viva da biosfera terrestre, então, para cada ecossistema terrestre (ET) da paisagem, a sua utilidade marginal para essa paisagem deve ser tida em conta nos cálculos. Uma vez que cada biogeocenose, devido à sua singularidade e raridade, figura na utilidade total como se fosse a última no sistema de outras biogeocenoses com a utilidade marginal mais elevada. Será correto aplicar a lei da utilidade decrescente, descoberta por Eugen von Böhm-Bawerk, para determinar o valor da ET neste contexto? Segundo esta lei, o valor de um bem é proporcional à intensidade de uma necessidade não satisfeita na ausência desse bem. No entanto, como sabemos pelo Conceito (1992), o desenvolvimento sustentável é o desenvolvimento que responde às necessidades das gerações futuras tanto quanto satisfaz as necessidades das gerações actuais.

Assim, para avaliar o valor da "película da vida" e dos seus componentes - os sistemas ecológicos terrestres, é necessário aplicar o método do desconto, ou seja, avaliar o valor atual dos bens ecológicos que poderão satisfazer as necessidades das gerações futuras.

É importante notar que cada tipo de sistema paisagístico não é apenas a produção anual de matéria viva, mas também uma composição correspondente de espécies de plantas, a estrutura da biocenose e o nível da sua organização. Por outras palavras, para criar uma certa massa de matéria viva, é necessária uma certa composição e proporção quantitativa de diferentes espécies de fauna e flora. Ao mesmo tempo, para preservar esta massa, deve haver uma integridade estrutural estável da biocenose, que, por sua vez, depende de quanto, no processo de atividade económica dos seres humanos, é preservada a quantidade de ordenação da energia natural (negentropia) que chega à superfície da Terra com a radiação solar. Por conseguinte, quanto mais preservado for o seu volume, mais valioso será o ecossistema da paisagem, uma vez que dará um contributo mais significativo para assegurar a estabilidade da biosfera terrestre.

Como já referimos, de acordo com a lei da preservação da biomassa de V.I. Vernadsky, a modelação físico-económica do valor dos serviços ecológicos em cada TES exige a determinação dos factores que influenciam a constante de ordenação da energia natural. Ao contrário do mercado económico, onde cada camisa subsequente, digamos, tem menos valor para o consumidor, no "mercado" natural dos TES, cada bem ecológico subsequente tem mais valor para o "consumidor biofísico" - a natureza. Por conseguinte, a economia económica não tem o direito de destruir a economia da natureza. A este respeito, na nossa opinião, é necessário introduzir o conceito de eficiência marginal da ordem natural para a TES, uma vez que os "investimentos" em negentropia produzem retornos no futuro sob a forma de um aumento na produção anual de matéria viva. Esta situação exige a aplicação do método de desconto, que permitirá determinar o "valor" equivalente atual desta ordenação, que dará um aumento da produção de matéria viva no futuro. Por outras palavras, se o volume atual de ordenamento natural $N_{vn} = 0,5$ tem um preço P_{vn} , então daqui a um ano, devido à perda de biodiversidade, "custará" 0,5+0,5 P_{vn} , ou $0,5(1+ P_{vn})$ [55].

Por conseguinte, através da aplicação do método de desconto, é possível abordar a solução do problema da aplicação de mecanismos preventivos na economia da "película da vida" e criar um sistema de gestão sustentável adequado nos seus sectores, tais como a silvicultura, a agricultura, a gestão da água, a gestão recreativa, etc. Por conseguinte, uma das diferenças mais significativas entre a economia física e a economia neoclássica é a interpretação do mecanismo de formação do valor primário e do preço.

Ao mesmo tempo, hoje é impossível abstrair do facto de que o sistema macroeconómico é um componente do sistema ecológico planetário "mãe", ligado a ele por um "cordão umbilical". Sendo, na sua essência física, um subsistema aberto deste sistema ecológico planetário, a economia está ligada a ele por processos de troca de energia, matéria e bioinformação que chegam à superfície da Terra com a energia solar.

Todos os sistemas vivos e recursos naturais, que são dadores da economia, existem graças à energia solar. Por conseguinte, este sistema ecológico natural é o "hospedeiro" da economia, da qual é funcionalmente dependente.

Se houver uma falha nos processos de troca, isso conduz a um défice crescente de serviços e recursos no ambiente natural e, consequentemente, a processos inflacionários na economia. Por isso, é essencial para a economia preservar um volume sustentável de recursos e serviços ambientais durante as actividades económicas. Uma vez que estes recursos e serviços são limitados no tempo e no espaço, a sua distribuição e avaliação efectivas tornam-se uma questão relevante. Simultaneamente, para manter um volume sustentável de produção de recursos no ambiente, é necessário cumprir os requisitos para aumentar a eficiência natural (biofísica).

Como já referimos, uma vez que a economia retira recursos naturais de matérias-primas e serviços do meio natural, é uma estrutura dissipativa que existe à custa da dissipação, ou seja, da desvalorização irreversível da energia do meio natural envolvente. A interação constante do subsistema económico com o ambiente ocorre através de sistemas ecológicos terrestres, formando sistemas sinergéticos complexos de vários níveis hierárquicos. Cada um destes sistemas é simultaneamente um bem económico e ecológico, produzindo determinados bens e prestando serviços. Por exemplo, os ecossistemas florestais terrestres, graças à sua forma de organização fitocenótica, produzem recursos para as indústrias da madeira e do mobiliário e desempenham funções de regulação do clima, de regulação da água e outras funções essenciais de renovação da natureza. Entre outras coisas, infiltram a precipitação. A redução do coberto florestal conduz a perdas económicas e energéticas (inundações, etc.). Assim, de acordo com alguns estudos, 30% de desflorestação é um limiar crítico para a existência sustentável de uma fitocenose sem alterar a estrutura do ecossistema.

Tudo isto indica que os ecossistemas florestais terrestres devem ser objeto de avaliações de valor não só com base na sua utilidade marginal para o consumidor económico, mas também para o "consumidor" biofísico - a própria natureza.

Infelizmente, a ciência económica contemporânea aborda a questão da determinação do valor dos recursos ambientais naturais e das suas funções (serviços ecossistémicos) a partir de uma abordagem metodológica antropocêntrica e não biocêntrica. Por outras palavras, esta categoria baseia-se em avaliações subjectivas dos consumidores e não nas leis objectivas da existência da biosfera. Isto simplifica significativamente a tarefa, porque a ciência neoclássica interpreta o valor dos objectos e recursos ambientais como certos benefícios que a sociedade (os seres humanos) obtém da sua utilização e consumo. Esta categoria de valor é designada por valor de uso e inclui o valor de uso direto (rendimento obtido) e o valor de uso indireto (recreação, funções de filtragem da água, etc.).

Como é sabido, em 1992, durante a Conferência das Nações Unidas sobre Ambiente e Desenvolvimento no Rio de Janeiro, foram iniciadas e posteriormente continuadas três convenções mundiais, incluindo a Convenção sobre a Diversidade Biológica, a Convenção-Quadro das

Nações Unidas sobre as Alterações Climáticas e a Convenção das Nações Unidas de Combate à Desertificação [1;8].

A primeira Convenção tem por objetivo preservar e restaurar a diversidade biológica, assegurando a sua utilização sustentável, nomeadamente através de uma distribuição justa dos benefícios dela decorrentes. Devido à intervenção humana, à destruição dos ecossistemas, as taxas de extinção de organismos vivos individuais excedem atualmente a norma em centenas ou mesmo milhares de vezes. A perda de diversidade empobrece todo o planeta, conduz à degradação dos ecossistemas e pode afetar negativamente a produção agrícola, a economia de regiões inteiras e a população rural, que utiliza não só as culturas cultivadas mas também a natureza selvagem. A qualidade do funcionamento dos ecossistemas é também crucial para as medidas de atenuação das alterações climáticas. A biodiversidade tornou-se um incentivo significativo para o desenvolvimento do sector do turismo em muitas regiões do mundo. Assim, existe uma relação direta entre a preservação da biodiversidade e a garantia do desenvolvimento económico e da proteção social da população.

Ao mesmo tempo, para a aplicação prática desta e de outras convenções, é necessário abordar a questão da determinação do valor, por exemplo, da biodiversidade, para a sua utilização sustentável.

Como é que esta importante questão metodológica e aplicada é abordada atualmente?

De acordo com os princípios teóricos geralmente aceites da ciência económica neoclássica, o valor económico da biodiversidade é determinado por dois grupos de factores: a) valor para o consumidor; b) valor para o não-consumidor, que, em conjunto, formam o valor económico global da natureza.

O conceito de "valor económico global" reflecte a abordagem da avaliação da natureza e tenta considerar não só as funções diretas dos recursos naturais, mas também as suas funções reguladoras, assimiladoras, etc.

Este conceito, que surgiu recentemente na década de 1990, ganhou aprovação global, tanto a nível teórico como prático, especialmente na ciência ocidental.

O valor económico global inclui duas componentes: valor para o consumidor (utilidade) e valor para o não-consumidor.

Este último é composto por três pontos:

- o valor (worth) da utilização direta de objectos ecológicos: recursos naturais, turismo, caça e pesca, etc;

- o valor da utilização indireta de objectos ecológicos: efeitos globais, funções ambientais;

- valores de opção: potenciais benefícios futuros da utilização de objectos ecológicos (para valores futuros diretos e indirectos).

- valor não-consumidor, ou seja, o valor da natureza em si (o valor económico de funções naturais como a social, a ética, a estética, etc.), é importante. Nos países desenvolvidos e em desenvolvimento, foram efectuados numerosos estudos para determinar os valores de não-consumo, principalmente para animais raros e parques nacionais. No entanto, estes estudos baseiam-se em inquéritos sociológicos para avaliar as opiniões dos consumidores sobre o valor económico de várias espécies raras, a potencial vontade de pagar pela sua existência, etc. No entanto, em nossa opinião, as avaliações subjectivas não contribuem para abordar as questões de prevenção na economia da película da vida. Ao mesmo tempo, todas as abordagens de avaliação mencionadas alteram muitas vezes radicalmente as prioridades nas decisões económicas.

O quadro 1.5.1 apresenta exemplos de funções do ambiente natural circundante, tendo em conta o valor económico global.

Quadro 1.5.1

Valor económico total dos recursos do ambiente natural

Categoria	Valores do consumidor			Valores para não-consumi dores
	Valor de Utilização Direta do Objeto Ambiental		Valor da utilização direta	Valores de escolha	
	Uso consuntivo	Utilização não consumptiva			
Geral	Meios de existência, aplicações comerciais, medicame ntos, lazer, habitação	Lazer, educação, investigação, transportes	Controlo do clima, proteção das bacias hidrográfic as, função da saúde humana	Potencial utilização futura, direta e indireta, do objeto ambiental	Ético, cultural, riqueza, patrimóni o
Ecossist ema	Recursos biológicos, produtos não lenhosos, recursos de reservatóri os	Desportos náuticos, pesca amadora, apanha de bagas e plantas medicinais	Prevenção de inundações, reforço das margens dos rios	Potenciais bens e serviços naturais futuros	Análise das espécies migratóri as e proteção através de acesso limitado
Espécies (por exemplo)	Combustív el, frutos, madeira,	Investigação farmacêutica,	Fixação do azoto,	Reabasteci mento dos recursos	Proteção das florestas,

espécies de árvores)	alimentos para animais, medicame ntos, materiais industriais	química e bioquímica	controlo da erosão	florestais para o futuro	das zonas de lazer, etc.
Diversid ade genética (por exemplo, espécies de culturas)	Alimentaç ão	Seleção de plantas	Valor evolutivo	Proteção dos conjuntos de genes	Proteção dos conjuntos de genes.

Uma questão importante que impede o desenvolvimento de políticas ambientais eficazes e a transição da economia para o desenvolvimento sustentável é a subestimação das consequências desta transição (evolução). Como já foi referido, isto manifesta-se principalmente na subavaliação do valor económico dos recursos naturais dos ecossistemas terrestres e na subestimação da poluição ambiental. Em muitos países, as despesas anuais com terras degradadas, florestas, recursos minerais, etc., podem ser estimadas em milhares de milhões de dólares americanos. A eficiência ecológica da conservação dos recursos é maior do que a intensidade da poluição - este facto foi comprovado nos países economicamente desenvolvidos nas últimas duas décadas.

É sabido que, para os bens e serviços em que existem mercados, a sua escassez é medida pelo preço. No entanto, de acordo com a ciência económica neoclássica, simplesmente não existem mercados para muitos tipos de bens ambientais, e os economistas são forçados a utilizar outros métodos de avaliação. Os preços de mercado de alguns recursos ambientais não reflectem com precisão a sua escassez e não podem resolver o problema da sua compensação por várias razões. Ao mesmo tempo, sabe-se que, quando os mercados funcionam bastante bem, os preços podem servir como um indicador fiável da escassez relativa de um determinado produto. Os mercados podem fornecer informações, direta ou indiretamente, sobre a escassez de muitos recursos naturais. Mas será que fornecem informações sobre o declínio da fertilidade da superfície da Terra? Ao mesmo tempo, esta informação é crucial para evitar novas perdas na biosfera terrestre.

Porque é que temos de determinar a avaliação económica dos recursos ambientais naturais?

1. Não existem mercados económicos para os recursos ambientais onde o seu verdadeiro preço possa ser estabelecido.
2. Os preços de mercado de alguns recursos ambientais reflectem incorretamente a sua escassez e não podem resolver a questão da sua compensação.

O principal axioma da economia do bem-estar é que o objetivo da atividade económica é aumentar o bem-estar dos membros da sociedade, e cada consumidor sabe melhor se uma situação é boa ou má para ele. O bem-estar de cada membro da sociedade depende não só do consumo de bens e serviços fornecidos por empresas privadas ou estatais, mas também da quantidade e da qualidade dos bens e serviços não mercantis recebidos do ambiente, como a saúde, a satisfação visual, a oportunidade de relaxar na natureza, etc.

A base para determinar a avaliação económica das alterações no ambiente natural circundante é o seu impacto no bem-estar humano (base antropocêntrica da avaliação económica). O valor de qualquer bem depende da sua utilidade para os consumidores. De acordo com a teoria económica neoclássica, os consumidores têm preferências por determinados bens, e essas preferências são permutáveis. Esta propriedade - pedra angular do conceito económico de valor - gera uma taxa de câmbio entre diferentes bens. A troca que os consumidores fazem ao escolherem uma quantidade menor de outro bem reflecte o valor que atribuem a esses bens. Se um dos bens é dinheiro, então o valor revelado é o valor monetário. A expressão do valor monetário de um bem é apenas um caso específico de relação de troca, uma vez que o dinheiro gasto para comprar um bem é uma expressão aproximada da quantidade de outros bens cujo consumo tem de ser reduzido para efetuar a compra.

O valor económico total dos recursos ambientais ou das alterações da sua qualidade é a expressão monetária do seu impacto no bem-estar dos consumidores.

O que é que se pode dizer sobre este método de avaliação?

- A avaliação é antropocêntrica;
- Depende das preferências dos consumidores;
- A avaliação económica influencia o bem-estar;
- Não mede a qualidade do ambiente em si, mas as preferências humanas relativamente a essa qualidade.

Para além do valor económico total, existem outros conceitos de determinação do valor na literatura económica moderna. Por exemplo, o conceito de valor intrínseco (ecossistémico, orgânico) baseia-se no reconhecimento de que o valor é uma propriedade inerente aos animais, plantas e ecossistemas, independentemente da sua utilização pelos seres humanos. Tendo o direito à existência, este valor não pode ser medido por métodos de avaliação, que serão discutidos mais tarde. Como o ecologista americano A. Leopold observa com razão, "o defeito fundamental de um sistema de conservação da natureza que se baseia inteiramente no benefício económico é que a maioria dos membros das biogeocenoses terrestres não tem valor económico... No entanto, estes organismos são membros de uma comunidade biológica, e se a estabilidade desta comunidade depende da sua integridade, então têm todo o direito de continuar a existir" [6;12;55].

Como é sabido, um grupo de cientistas liderado por R. Costanza tentou fazer uma avaliação económica dos serviços dos ecossistemas da Terra [17;18]. Para o efeito, foram utilizados vários métodos:

- A soma do excedente do produtor e do consumidor;
- Excedente do produtor (renda).

O valor económico total dos serviços ecossistémicos no planeta, segundo estes investigadores, varia entre 16 e 54 biliões de dólares americanos (valor médio de 33 biliões de dólares americanos). Além disso, a avaliação económica obtida é subestimada, uma vez que não tem em conta os valores de determinados ecossistemas. Por exemplo, o PIB total de todos os países do planeta em 1996 era de cerca de 1 trilião de dólares americanos. Isto indica que os ecossistemas constituem uma parte mais importante do bem-estar humano do que todo o capital produzido. Os autores dos cálculos interpretam os seus resultados da seguinte forma: para substituir o capital natural pelo capital produzido, é necessário aumentar o PIB total em pelo menos 33 triliões de dólares americanos [21;85].

Durante a discussão científica destes resultados, foi expressa a opinião de que eles não acrescentam nada de novo à compreensão do papel das funções ecossistémicas na vida humana, em comparação com o que a investigação em ciências naturais fornece, cujos resultados são expressos de forma não monetária.

Atualmente, são utilizadas as seguintes abordagens principais para a avaliação económica do ambiente natural:

- A utilização dos preços de mercado para avaliar as consequências físicas das alterações ambientais para a produção;
- A utilização de preferências declaradas (expressas) (declarações dos consumidores sobre o valor do ambiente);
- A utilização de preferências reveladas (conclusões baseadas em observações do comportamento efetivo dos consumidores);

Para a avaliação de cada tipo de valor, existem os métodos de avaliação económica mais aceitáveis:

- Os métodos de avaliação do mercado são os mais adequados para avaliar o valor da utilização direta, embora a existência de excedente do consumidor signifique que a utilização apenas dos preços de mercado subestimará o benefício;
- O valor da utilização indireta pode ser avaliado utilizando métodos de mercado e inquéritos aos consumidores para determinar a sua disponibilidade para pagar;
- O valor da utilização futura e da não utilização só pode ser efetivamente avaliado através de uma análise das preferências dos consumidores, manifestadas através da sua disponibilidade para pagar.

Por conseguinte, a escolha dos métodos de avaliação deve depender desses factores:

- Que tipo de impacto é mais significativo (impacto na produtividade do trabalho, na saúde, nos bens estéticos, no valor da existência);
- Que informações estão disponíveis e podem ser utilizadas;
- Que recursos estão disponíveis para análise.

Em geral, para uma aplicação bem sucedida dos métodos económicos na avaliação do ambiente natural, é crucial compreender as suas limitações e tê-las sempre em mente. No entanto, avaliar em termos monetários o maior número possível de factores é essencial para identificar questões que, de outra forma, seriam ignoradas. É também crucial distinguir entre o valor dos recursos biológicos e da biodiversidade.

Infelizmente, o seu valor é atualmente determinado com base em avaliações subjectivas das partes interessadas, que não fornecem uma imagem objetiva do seu verdadeiro valor para a preservação da estabilidade dos ecossistemas de cada paisagem e, consequentemente, da estabilidade da biosfera terrestre no seu conjunto.

Como já foi referido, as abordagens conceptuais para determinar o valor da tapeçaria da vida devem ter em conta a lei da preservação da biomassa de V. Vernadsky. A estabilidade do orçamento de não-entropia é um pré-requisito para preservar a produtividade do capital natural. Ao mesmo tempo, este capital é a fonte de produção de bens ecológicos nos ecossistemas. A proposta ecológica da Terra (Yn), como observado anteriormente, pode ser representada como o volume de energia livre que serve como fonte de sua eficiência [55]:

$$Y_n = E + (T_6 - T_s) = E + N_{vn} \quad (1.5.1)$$

N_{vn} - Orçamento da negentropia nos ecossistemas (TES).

em que E - Energia interna do capital natural nos ecossistemas (TES).

T_{vn} - T_s - Orçamento de negentropia dos ecossistemas (TES).

Ao mesmo tempo, a proposta ecológica da Terra (Y_n) é interpretada como o volume total de biomassa de matéria viva no ecossistema da paisagem e é determinada como:

$$Y_n = B_o + P \quad (1.5.2)$$

Onde B_o é o volume de biomassa disponível de matéria viva, e P é o volume do crescimento da biomassa de matéria viva (a sua produção anual representa o valor adicional criado pela natureza). Isto sugere que o capital natural na Terra é um valor que cresce por si próprio.

Com base no conteúdo das fórmulas (1.5.1) e (1.5.2), pode ser expresso como:

$$P = k \, (T_6 - T_s) = k \cdot N_{vn} \quad (1.5.3)$$

Onde $-\infty < k < +\infty$.

Mas voltemos à modelação da avaliação da utilidade dos bens ecológicos para a natureza terrestre. Obviamente, a prioridade aqui é a demanda do "consumidor" biofísico, ou seja, cada ecossistema. Assim, na modelação do seu "comportamento", é necessário conciliar os modelos do desejado e do possível, ou seja, a rubrica orçamental dos ecossistemas, com base na investigação efectuada em [56].

Sabe-se que a linha orçamental reflecte um modelo de possibilidades para o consumidor biofísico, tendo em conta a norma espacial de preservação da ordem energética natural nos ecossistemas. A violação desta ordem reduz significativamente a estabilidade dos processos de troca com o espaço externo da biosfera. Este conflito constante entre a conservação da biodiversidade e a utilização económica dos recursos naturais decorre da intensa exploração (no espaço) da natureza, acompanhada de uma crescente reafectação dos recursos naturais para a economia artificial, sendo a principal causa do desaparecimento das bioespécies nos dias de hoje. Simultaneamente, a redução da produção terrestre de fotossíntese limita o consumo dos serviços dos ecossistemas pela própria natureza e, consequentemente, pela economia como consequência dos bens de consumo.

Considerando que os serviços ecossistémicos servem principalmente funções de suporte de vida não só em cada ecossistema mas também em todos os outros sistemas vivos dos quais o seu bem-estar depende, a preservação destes serviços é uma prioridade na modelação da sustentabilidade físico-económica da existência de ESES.

Essencialmente, surgiu a necessidade de avaliar o valor dos bens ecológicos para o consumidor. Este valor de consumo deve ser medido, antes de mais, com base no modelo do "consumidor biofísico", ou seja, as necessidades de auto-reprodução da natureza terrestre.

Ao mesmo tempo, a produção de serviços ecológicos, tal como definida anteriormente, está em dependência funcional do potencial de ordenamento disponível N_{vn} . Para alcançar uma bioprodutividade sustentável do capital natural K_n , é necessário que $N_{vn} > 0 = const$. Esta condição é decisiva para a construção da linha orçamental em cada ecossistema.

Como já foi referido, cada TES é produtor não só de serviços ecológicos Y_{n1} mas também de certos recursos naturais (bens ecológicos Y_{n2} consumidos pela economia). Estes bens ecológicos têm um determinado preço no mercado económico, que depende não só da interação das forças de mercado, mas também da situação que se desenvolveu no mercado natural espacial onde estes recursos são "fabricados".

Se compararmos a Fig. 1.5.1 com a Fig. 1.5.2, obtemos pontos de intersecção das curvas da procura e da oferta - A, B, C com preços variáveis, que estão em dependência funcional do preço da ordenação da energia natural no TES (ver Fig. 1.5.1).

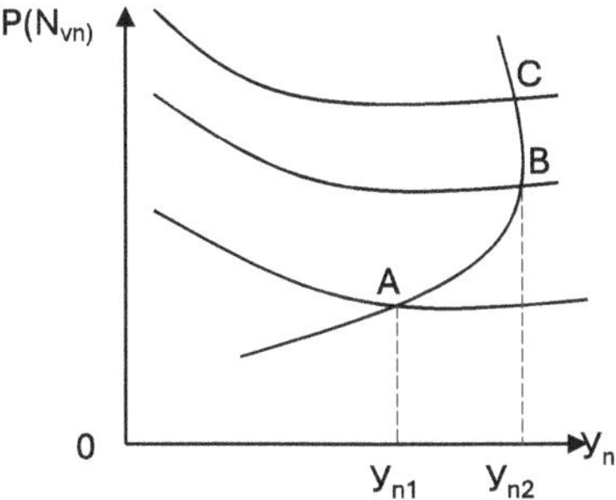

Fig. 1.5.1. Dependência do volume de bens ecológicos em relação a situações no "mercado" espacial de ordenamento energético no TES

Tendo em conta as caraterísticas de funcionamento e a situação que se verifica em cada "mercado" natural espacial, é possível representar graficamente um modelo do consumidor biofísico [56]. Isto permite uma interpretação gráfica dos limites espaciais da fixação de preços e do consumo de serviços e bens ecológicos (recursos naturais) em cada ESE (ver Fig. 1.5.2).

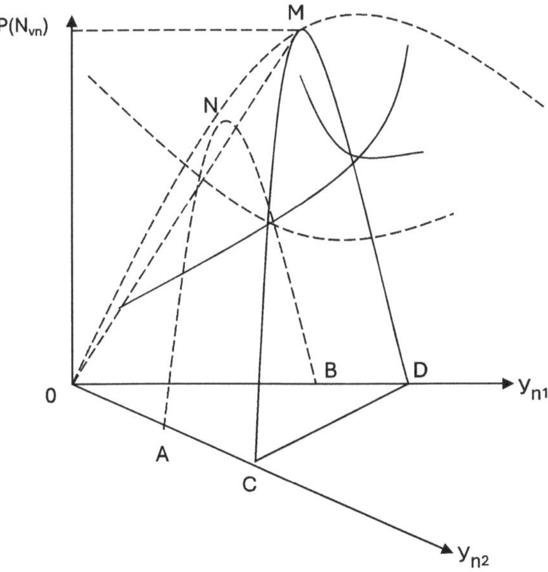

Fig. 1.5.2. Dependência do volume de bens ecológicos em relação ao valor do capital de fertilidade da Terra.

O gráfico mostra como o volume Y_{n1} Y_{n2} muda com as alterações em $P(N_{vn})$.

Isto confirma que o valor dos bens ecológicos tem uma natureza espácio-temporal, uma vez que é caracterizado não só por parâmetros temporais mas também espaciais de forma e conteúdo. Assim, o método da utilidade marginal pode ser usado para avaliar os "custos-resultados" principalmente da "produção" biofísica ao nível do TES, e depois, com base nos requisitos para garantir a estabilidade dos seus estados estacionários, pode ser aplicado para avaliar os resultados - custos da atividade económica dentro do ESES.

1.6. Custo físico e económico das funções de apoio do ecossistema terrestre

Atualmente, o estado e a capacidade de produção dos ecossistemas terrestres são factores importantes no processo de reprodução da biosfera terrestre. Neste domínio, opera a economia, que é funcionalmente dependente dos fluxos de recursos formados na natureza viva. Por conseguinte, a análise dos processos macroeconómicos requer uma ampla cobertura destas questões e novas avaliações monetárias que reflictam o valor dos ecossistemas e os seus benefícios, não só da perspetiva da sua utilidade para os seres humanos, mas também da sua importância para a reprodução da natureza.

As condições e os recursos naturais são significativamente afectados pelo sistema climático, que perdeu a sua estabilidade. Ao mesmo tempo, uma análise dos indicadores estruturais das economias nacionais do mundo mostra que, embora o impacto dos recursos naturais no desenvolvimento económico seja de certa forma limitado e atenuado pela utilização do progresso científico e tecnológico, as alterações climáticas que alteram substancialmente as condições naturais em diferentes países causam perdas significativas para a economia global.

As alterações das condições naturais são particularmente críticas para sectores como a agricultura e a silvicultura, a gestão da água e do lazer, bem como a exploração geológica e a extração de recursos do interior da Terra. Por outro lado, o aumento da intensidade da utilização dos recursos naturais e a crescente pressão da economia sobre os vários ecossistemas conduzem a uma redução do seu potencial de regeneração.

Por conseguinte, a reprodução da "película da vida" é o único sistema da biosfera terrestre do planeta que exige a criação de uma regulamentação preventiva para responder às necessidades de todos os países do mundo.

Esta questão deveria ser objeto de uma nova etapa no desenvolvimento das relações internacionais e da criação de uma instituição internacional adequada no domínio do ambiente.

A questão da preservação máxima do potencial de produção de fotossíntese no espaço de toda a "película da vida" torna-se atualmente particularmente relevante. Por conseguinte, é crucial assegurar uma proporcionalidade espacialmente estável no que respeita à preservação do potencial de produção de fotossíntese no espaço da biosfera terrestre de todo o planeta.

O critério decisivo de proporcionalidade é a eficácia do funcionamento dos sistemas de gestão dos ecossistemas terrestres de cada país.

Qual é a eficácia do funcionamento dos sistemas ecológicos terrestres no contexto da necessidade de preservar o seu potencial de produção? Obviamente, este deveria ser um sistema de indicadores que constituísse um instrumento prático para o planeamento espacial do seu desenvolvimento sustentável. Estes indicadores deveriam refletir a dinâmica do espaço físico da "película da vida" e basear-se em categorias físico-económicas como

 — trabalho biogeoquímico dos ecossistemas paisagísticos;

 — poder do ecossistema paisagístico;

 — energia do potencial de produção da fotossíntese;

 — produção de fotossíntese da cobertura biogeoquímica dos ecossistemas paisagísticos;

 — retorno do capital natural do capital espacial da Terra;

 — produtividade físico-económica do ecossistema paisagístico;

 — avaliação físico-económica do valor das funções de apoio do ecossistema paisagístico;

— avaliação físico-económica e monetária do ecossistema da paisagem.

Para definir estes indicadores, é necessário perceber que, em qualquer ecossistema, há assimilação, transformação e transmissão de energia, matéria e bioinformação. Essas funções são um pré-requisito para o seu "funcionamento", ou seja, a produção de bens ecológicos. Ao mesmo tempo, este trabalho só é possível sob a condição de preservar a sua integridade, estabilidade e capacidade de auto-reprodução. Por isso, as questões da preservação da estabilidade espacial dos ecossistemas terrestres (TES) são particularmente relevantes atualmente, uma vez que a sua deslocação no espaço devido à perda de integridade pode reduzir significativamente o seu potencial produtivo e, consequentemente, o potencial de auto-reprodução da "película da vida" como um todo.

Assim, o desenvolvimento sustentável do TES deve ser interpretado como a integração da conservação da natureza do seu núcleo (sistema ecológico terrestre) e do desenvolvimento para assegurar uma transformação do planeta que proporcione bem-estar ecológico, social e económico à humanidade.

Com base nisto, a fórmula generalizada para a sustentabilidade do TES de um país pode ser descrita pela seguinte equação:

$$Y_{n+1} = f(Y_n); n = 0; 1; 2; ...; \tag{1.6.1}$$

em que $Y_n = \left(Y_n^{(i)} > Y_n^{(m)}\right)$ - um vetor de coordenadas básicas $Y_n^{(i)}$ que determina de forma única o estado dinâmico do CET; n - variável independente discreta;

$f(Y) = \left[f^{(i)}(Y), ..., f^{(m)}(Y)\right]$ (1.6.2)- uma função vetorial única limitada a qualquer conjunto limitado Y.

O capital espacial da Terra tem uma produtividade diferente devido à heterogeneidade espacial dos sistemas ecológicos terrestres (TES). Estes sistemas fornecem a fitomassa criada pelo capital espacial da Terra, que desempenha um papel cada vez mais importante nas nossas vidas. A utilização de biomassa de plantas TES tem um impacto positivo em vários aspectos - desde a redução das emissões de gases com efeito de estufa até ao desenvolvimento de energias alternativas e à prevenção de alterações no clima local. Como avaliar a resiliência das cadeias de abastecimento de biomassa tendo em conta todas as suas funções? Ao mesmo tempo, a fitomassa das fontes de energia vegetais constitui uma parte significativa do potencial energético mundial devido à redução física dos recursos energéticos fósseis (carvão, gás, petróleo), ao crescimento da população no planeta e às consequências negativas da sua combustão, que conduzem a um aumento da pegada de carbono e do efeito de estufa em geral. É de notar, no entanto, que a biomassa não pode ser cultivada em terras com elevada biodiversidade e elevado teor de matéria orgânica, de acordo com os critérios de sustentabilidade para os biocombustíveis estabelecidos na Diretiva 2009|28|EC [Diretiva 2009|28|EC do Parlamento Europeu e do Conselho, de abril de 2009, relativa à promoção da utilização de energia proveniente de fontes renováveis].

O valor da fitomassa das plantas dos ecossistemas terrestres em diferentes paisagens reside na sua capacidade de melhorar a estrutura do solo e o balanço hídrico, reduzir os processos de erosão, manter a fertilidade e a biodiversidade a longo prazo. Assim, a fitomassa da sua vegetação desempenha um papel fundamental no desempenho de funções de apoio no tecido da natureza viva. Atualmente, apenas 17% das fontes renováveis e da biomassa dos recursos energéticos primários correspondem a fontes renováveis, e apenas 20% da eletricidade é produzida a nível mundial com o seu apoio. Note-se que, no início do século XXI, cerca de mil milhões de toneladas de combustível equivalente de massa vegetal foram utilizadas para fins energéticos, o que equivale a 25% da produção mundial de petróleo. Nos países equatoriais, a biomassa vegetal continua a ser a principal fonte de energia. A sua quota no balanço energético dos países em desenvolvimento é de cerca de 35%, e no consumo mundial de energia - 12% [10;21].

Atualmente, o valor ecológico da fitomassa das culturas energéticas é determinado com base em estudos e experiências de campo. Estes estudos não são isentos de inconvenientes devido à heterogeneidade espacial dos diferentes ecossistemas terrestres. Por conseguinte, o aumento da massa verde da vegetação nos ecossistemas terrestres pode ter diversos efeitos - aumentando o seu orçamento não entrópico e servindo como meio de adsorção de gases com efeito de estufa e como fonte para o desenvolvimento de formas alternativas de energia. Em particular, as paisagens florestais são uma fonte de crescimento para culturas de árvores energéticas como o salgueiro, o abeto, o choupo, o ácer e a acácia branca, que se caracterizam por elevados indicadores de produtividade energética.

Como mencionámos anteriormente, a redução da capacidade de capital espacial da Terra leva a uma inflação dos custos de produção de fitomassa, resultando numa diminuição da oferta ecológica da Terra. O aumento da entropia leva a uma diminuição da capacidade produtiva de fotossíntese da cobertura biogeoecenótica deste TES. E os recursos não utilizados da produtividade da cobertura biogeoecenótica, o dióxido de carbono, a energia luminosa, a humidade do ar não transpirada e o oxigénio não evaporado afectam significativamente as condições climáticas locais [55;56].

Tudo isto leva a concluir que o estado de estabilidade da capacidade de capital espacial no TES determina o estado (preservação ou redução) do potencial físico da sua produtividade biogeoquímica. E a dinâmica desta produtividade é uma evidência da "saúde" deste TES e do seu valor no contexto da sua contribuição para os processos de reprodução do tecido vivo da Terra. Assim, estamos a falar de ter em conta o valor das funções de suporte dos TES, que, na nossa opinião, são fundamentais no sistema global de avaliação dos serviços ecossistémicos. Se a tónica for colocada no valor das funções de suporte dos TES, isso permitir-nos-á finalmente livrarmo-nos do antropocentrismo na metodologia de avaliação do valor dos ecossistemas. Porque as alterações climáticas estão à porta... E não podemos ignorar o contributo dos vários TES, nomeadamente das florestas, para os processos de garantia da estabilidade das condições climáticas locais. Vejamos isto com mais pormenor.

Uma vez que se trata de avaliar o valor das funções de apoio dos ecossistemas, que estes só podem desempenhar se a sua capacidade operacional e "saúde" forem preservadas, o principal critério para o efeito é o indicador do rendimento do capital espacial. Este indicador afecta a magnitude do efeito económico dos serviços ecossistémicos dos TES, pois é uma expressão natural deste indicador de valor. A investigação sobre este critério em diferentes ecossistemas paisagísticos revela desvios significativos em relação aos volumes normativos [56].

Isto confirma a necessidade de aplicar uma abordagem físico-económica à avaliação monetária do valor dos serviços ecossistémicos. Esta abordagem tem em conta o estado físico e a produtividade efectiva do coberto biogeoecenótico em cada TES, uma vez que esta é a base da sua prestação de funções de suporte no caminho da preservação do potencial de reprodução do tecido vivo da Terra. A partir da diferenciação deste indicador no contexto dos diferentes TES, propusemos uma metodologia para a determinação do indicador do efeito físico-económico da prestação de serviços ecossistémicos:

$$E_{ij} = E \pm \frac{E(k_{er} - k_{en})}{k_{er}^2}; \qquad (1.6.3)$$

em que: E_{ij} - benefício económico específico dos serviços ecossistémicos do i-ésimo tipo de ecossistema paisagístico para o j-ésimo tipo de sistema paisagístico

E - benefício físico-económico específico médio dos serviços ecossistémicos deste tipo de paisagem

k_{er} - rendimento real do capital espacial neste tipo de paisagem

k_{en} - retorno do capital normativo espacial neste tipo de paisagem.

Um requisito particular para a avaliação monetária de um ecossistema específico é a necessidade de considerar o volume potencial e real da produção de fotossíntese nas suas várias biogeocenoses. Por outro lado, a área biológica produtiva do espaço do ecossistema também deve ser tida em conta.

Consideramos que o cálculo desse indicador pode ser efectuado através da fórmula:

$$Q_n = \sum_{i=1}^{n} E_{ij} \cdot S; \qquad (1.6.4)$$

onde:

Q_n - o efeito ecológico total (produto) dos serviços ecossistémicos do i-ésimo tipo de ecossistema paisagístico para o j-ésimo tipo de sistema paisagístico

E_{ij} - efeito físico-económico específico dos serviços ecossistémicos do i-ésimo ecossistema do j-ésimo tipo de sistema paisagístico

S - área do espaço do ecossistema terrestre

Esta monitorização e avaliação monetária da produtividade biogeoquímica dos sistemas paisagísticos deve tornar-se um elemento definidor da gestão ambiental na esfera da utilização dos recursos naturais, uma vez que os seus resultados permitem a prevenção de novas alterações negativas antropogénicas na cobertura biogeocenose de várias paisagens. Os resultados desta monitorização e avaliação servem de base para a aplicação do método da oferta ecológica da Terra por nós proposto para uma avaliação mais abrangente do valor dos serviços e bens ecológicos, bem como das funções auxiliares dos sistemas ecológicos terrestres. Esta avaliação, por sua vez, pode servir como uma base importante para a implementação do planeamento espacial para o desenvolvimento ecologicamente sustentável de paisagens antropogenicamente transformadas. Uma vez que a realização desse planeamento requer informações sobre o estado ecológico de várias paisagens, cujo critério são os indicadores da eficiência da sua cobertura biogeocenose, indicando o potencial energético e material da fotossíntese na superfície da Terra. Esta abordagem diferenciada da aplicação do ordenamento do território rural e de outros territórios garantirá uma escala de gestão ecologicamente justificada e uma carga antropogénica optimizada em função da capacidade ecológica do seu espaço vital. Mas será também um fator de prevenção na via da implementação das alterações climáticas a nível local.

É evidente que, atualmente, a sociedade e a economia retiram os maiores benefícios económicos dos serviços ecossistémicos florestais. Em particular, o valor económico total dos serviços dos ecossistemas florestais e das terras florestais, a preços de 2012, para 28 países da União Europeia, ascendeu a 81,4 mil milhões de euros [85;95;96].

Os serviços ecossistémicos das florestas ucranianas estão estimados em 6 875 mil milhões de UAH (250 mil milhões de dólares). A maior parte do valor total dos serviços ecossistémicos florestais está associada a funções reguladoras do clima (de 65% a 80%). A parte do valor comercial varia entre 5 e 20%, sendo o restante representado pelo custo eco-social-económico [84].

De acordo com Kappen et. al (https://www.bcg.com/), o valor total avaliado das florestas em todo o mundo excede os 100 000 mil milhões de dólares. Atualmente, a área florestal no mundo é de 4 mil milhões de hectares. De acordo com estes dados, o valor dos serviços ecossistémicos prestados por 1 hectare de floresta é de 25 000 dólares. Este é o benefício económico específico médio dos serviços ecossistémicos das paisagens florestais (principalmente florestas húmidas de folhas largas e florestas húmidas de folhas pequenas). No entanto, estas avaliações monetárias centram-se apenas na contribuição dos serviços ecossistémicos para o bem-estar geral da humanidade. O valor económico dos bens ecossistémicos de suporte, que criam "bem-estar" para o tecido vivo, é ignorado. Neste sentido, a abordagem físico-económica da avaliação monetária destes bens complementa todas as metodologias anteriormente apresentadas.

1.7. Modelação física e económica e ordenamento do território para uma nova política climática local na ESES

A importância da modelação física e económica da fronteira da atividade económica em cada EES exige a determinação dos factores que influenciam a preservação da ordem natural constante N_{vn} como capital da fertilidade da Terra em cada TES. Afinal, ao contrário do mercado económico, onde cada camisa subsequente é menos valiosa para o consumidor, no "mercado" natural dos ESES, cada serviço ambiental subsequente é mais valioso para o consumidor biofísico - a natureza. Por conseguinte, a economia humana não tem o direito de destruir a economia da natureza. A este respeito, é necessário introduzir, na nossa opinião, o conceito de eficiência física e económica marginal da ordenação natural do capital da ESES. Com efeito, os investimentos em negentropia compensam a longo prazo sob a forma de um aumento da produção anual de matéria viva. Esta situação exige a utilização de um método de desconto. A sua utilização permitirá determinar o equivalente atual do "custo" desta encomenda, que assegurará o crescimento da produção de matéria viva no futuro. Por outras palavras, o volume de hoje $N_{vn} = 0,5$ desta encomenda N_{vn} tem o preço P_{vn} , e daqui a um ano, devido à perda de biodiversidade, os seus investimentos transformar-se-ão em $0,5 + 0,5$ P_{vn} , ou $0,5 (0,1 + P_{vn})$ (ver parte 1.5).

Um ou outro modelo de gestão pode afetar significativamente a alteração do nível de conservação do capital natural através de uma alteração do potencial de ordenamento de cada ecossistema terrestre. Ao mesmo tempo, a atividade económica associada à sua utilização pode aumentar ou diminuir a quantidade de negentropia ou entropia no ESES. Se este sistema for caracterizado por um nível estável de ordem natural, e não vice-versa, podemos falar de uma utilização ambientalmente equilibrada da natureza e da máxima conservação do seu capital natural.

Este é o fator limitante que deve ser tido em conta no processo da atividade económica.

No entanto, para aplicar "tecnologias" de gestão adequadas, que permitam preservar ao máximo o nível de capital natural K_n de cada EES, é necessário construir um modelo matemático adequado. Este modelo deve mostrar quais os factores de ordem biofísica da ESE que determinam o seu estado estável e como este pode ser preservado no processo da atividade económica. O nosso objetivo é analisar como atingir esse estado, ou seja, o desenvolvimento ambientalmente equilibrado da ESES. Importante neste contexto é o problema: que parte do capital natural (K_n) deve ser consumida e qual deve ser armazenada para uso futuro. Podemos dizer que a conservação (K_n) criará mais oportunidades em termos de gestão. Ao mesmo tempo, o montante das poupanças de K_p depende funcionalmente da extensão do impacto da atividade económica na manutenção do nível de sustentabilidade do ESES.

É evidente que, nesta situação, não basta estudar apenas a oferta e a procura económicas. Cada sistema natural local funciona com base no mecanismo de interação entre a procura e a oferta biofísica, com o objetivo de alcançar a estabilidade da biogeocenose, fitocenose, etc. No centro do mecanismo desta estabilidade está, como constatámos, a estabilidade do orçamento não entrópico da Terra. Assim, podem ser identificados os seguintes factores para preservar a "operacionalidade" da biosfera terrestre:

1)   A base para a preservação da biomassa de matéria viva como produto dos sistemas ecológicos terrestres é o orçamento sustentável não entrópico de cada biogeocenose local Nbn;

2)   a função de manutenção do nível de ordem biofísica (função negentrópica) realiza apenas dois tipos de capital: humano e natural;

3) A eficiência física e económica do desenvolvimento sustentável pode ser determinada com base nos critérios de desempenho da função entropica no processo de gestão da natureza na ESES, que são determinados nos aspectos temporais e espaciais;

4) De acordo com os critérios de implementação da função não-entrópica no ESES podem ser modeladas funções de gestão da natureza ambientalmente sustentável;

5) a predominância do nível de ordem natural sobre o nível de desordem (entropia) é um indicador dinâmico que determina o desempenho biofísico do ESES. Definimos este indicador como o potencial de ordenação. A sua variação no tempo e no espaço determina a variação do volume da atividade económica no espaço da ESES.

6) O investimento em infra-estruturas biofísicas e o cultivo do capital natural não conduzem a um aumento C_n da ESE, mas apenas a oportunidades de aumentar a sua produtividade económica.

Vamos centrar-nos nas funções de conservação do capital natural da ESES. Esta função do seu capital natural baseia-se na lei de conservação da biomassa de V. Vernadsky. De acordo com esta lei, a quantidade de biomassa do ecossistema no tempo e no espaço depende do nível de estabilidade do seu fundo de ordem (negentropia N_{vn}). Esta função do estado do ecossistema é determinante para a preservação da sua produtividade biofísica. Assim, pode-se argumentar que a conservação do capital natural da ESES é funcionalmente dependente da sustentabilidade.

A conservação da biomassa é um fator muito importante para a preservação da biosfera. Afinal, a sua atividade vital provoca alterações nos processos químicos da biosfera e da crosta terrestre.

Um indicador importante da preservação da informação biofísica é a biodiversidade, que desempenha um papel de tampão na biosfera. É devido à preservação da biodiversidade dos ecossistemas naturais que se mantém a sua resistência funcional aos efeitos perturbadores de factores externos negativos [55;56].

Por conseguinte, a preservação dos parâmetros quantitativos e qualitativos da biomassa deveria tornar-se um princípio definidor de um desenvolvimento económico equilibrado do ponto de vista ambiental. No entanto, na prática moderna de gestão da natureza, este princípio não é tido em conta. Considere-se o modelo gráfico da gestão tradicional, partindo do princípio de que a ESES se especializa apenas num tipo de gestão da natureza (Fig. 1.7.1)

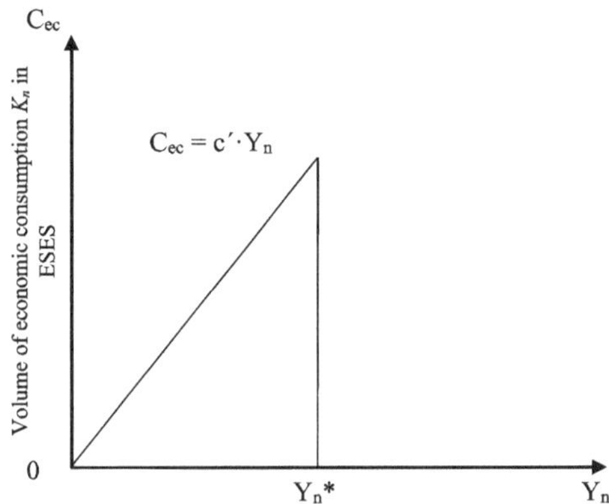

O volume da oferta de biomassa de capital natural na Estratégia Europeia de Emprego

Fig. 1.7.1. Modelo de gestão tradicional (consumo de capital natural) Sec na ESES em função da procura da economia e da propensão marginal para consumir (c ').

Como se pode ver na Fig. 1.7.1, a gestão tradicional tem como objetivo maximizar a procura apenas da economia, sem ter em conta a procura do TES para a conservação da biomassa. Ou seja, o modelo de gestão tradicional ignora a lei da conservação da biomassa de V. Vernadsky.

A propensão marginal para consumir capital natural (c ') caracteriza a parte de cada unidade de rendimento afetada ao consumo. Assim, esta gestão implica a obtenção apenas de resultados económicos, apesar da necessidade de preservar as funções biofísicas do capital natural da ESES. Naturalmente, coloca-se a questão: qual é o modelo de gestão da natureza desejado com base nas exigências do Conceito de Desenvolvimento Sustentável em relação aos constrangimentos da gestão? O principal requisito para um tal modelo é ter em conta não só a procura da economia, mas também a procura biofísica de cada subsistema natural ESES para manter o potencial (fundo) da sua ordem, ou seja, o capital de fertilidade da terra $N_{.vn}$

Como descobrimos na subsecção 1.7.2, K_n não pode ser inferior a 0, porque então os processos entrópicos prevalecerão sobre os não entrópicos e, portanto, o sistema estará em fase de destruição. Ao mesmo tempo, desde que a biomassa seja preservada, ou seja, se $Y_n = 1$, então - K_n . não pode ser maior que 1. Portanto, tomando para S_{bf} a quantidade de conservação do capital natural, e para Yn - a quantidade de fornecimento de bens ambientais ESES e com base na condição (1.7.1), podemos assumir que dS_{bf} é menor que dY_n , ou seja, $dS_{bf} < dY_n$ (ver 1.7.3).

Matematicamente, isto pode ser escrito da seguinte forma:

$$d \to dS_{bf} = a - dY_{,n} \tag{1.7.1}$$

em que a é a norma biofísica de preservação do capital de fertilidade da Terra.

De acordo com a lei da conservação da biomassa, a norma biofísica de conservação de K_n no ESES é o fundo de ordem energética do seu subsistema natural N_{vn} . Isto permite-nos determinar a propensão marginal natural do ESES para preservar a biomassa do seu capital.

$$\frac{dS_n}{dY_n} = \mathrm{K}_n \ . \tag{1.7.2}$$

A primeira derivada de Sn é positiva, mas menor que 1. Portanto, 0 <Sn <1.

O montante normativo de conservação da biomassa do capital natural da ESES pode ser definido como:

$$S_n = I_{vp} \cdot Y_n \ ; \tag{1.7.3}$$

em que I_{vp} — índice de ordenação do SCEE, definido como o rácio entre o volume real K_{ef} e o volume normativo de K $:_{en}$

$$I =_{vp} \frac{K_{ef}}{K_{en}} \ . \tag{1.7.4}$$

Isso nos leva a crer que o manejo ecologicamente equilibrado na ESES é um manejo que proporciona a máxima conservação da produtividade natural em proporção ao índice de conservação do seu capital de fertilidade da Terra.

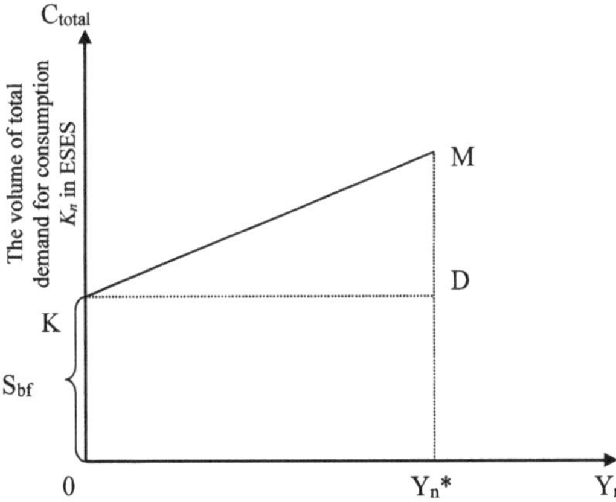

Fig. 1.7.2. O modelo do volume desejado de gestão no ESES em função da procura de manutenção do fundo de ordem N_{vn}

Tendo em conta a procura agregada de consumo de capital natural, a ESES assegura um equilíbrio entre as necessidades do ambiente e da economia. Assim, o modelo apresentado na Fig. 1.7.2 é um modelo de gestão ecologicamente sustentável, que permitirá preservar o capital natural do SEE durante muito tempo a um nível estável de Y_n *. Se a gestão da natureza no ESES for efectuada sem ter em conta a lei da conservação da biomassa, ou seja, violando os requisitos da sua exigência biofísica de conservação de K_n sustentável, conduzirá a esta situação (Fig. 1.7.3)

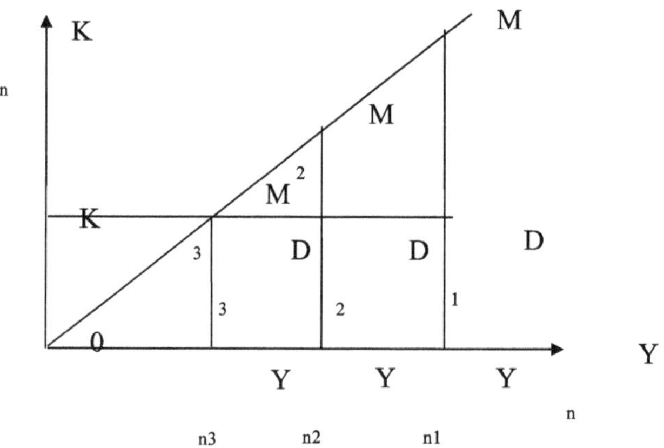

Fig. 1.7.3. O impacto da gestão tradicional da natureza na redução da oferta de biomassa K_n na ESES a longo prazo.

Como se pode ver na Fig. 1.7.3, este modelo de gestão da natureza não tem em conta as exigências biofísicas da ESE para manter o potencial de ordenamento do seu NES. O nível constante de fornecimento de biomassa K_p - Y* n é mantido em K_p - OKDY*$_n$. Se este volume K_p diminuir, deslocará Y*$_n$ para Y_n e depois para Y_n . Consequentemente, o nível de ordem OKDY*n para OKD2Y$_n$ e OKD3Y$_n$ será reduzido. A longo prazo, isto levará a uma destruição crescente do capital natural da PCC, o que enfraquecerá a sua capacidade de satisfazer não só a procura biofísica mas também a procura da economia.

106

Vamos centrar-nos nas funções do consumo ambientalmente equilibrado do capital natural ESES. A questão fundamental para determinar o modelo de gestão sustentável no ESES é encontrar um ponto de estado estável no mesmo. Como descobrimos, esses estados são caracterizados pela produção mínima de desordem interna devido ao regime de temperatura estável no sistema. Ou seja, deve ser cumprida a condição segundo a qual a desordem total de todos os processos biofísicos no ESES não pode ser maior do que o influxo de ordem do exterior com a energia do Sol.

O estado estacionário estável do subsistema natural do ESES é caracterizado pela seguinte identidade:

$$C_{bf} \equiv S_{bf} \quad (1.7.5)$$

em que $_{bf}$ -procura biofísica de consumo de capital natural;

S_{bf} - manter a capacidade reguladora da ESES.

Esta identidade caracteriza o equilíbrio do "mercado" da natureza. As actividades económicas de gestão da natureza no âmbito da Estratégia Europeia para a Segurança e a Saúde no Trabalho (EES) fazem alguns ajustes ao mecanismo coordenado do "mercado" da natureza.

Dependendo do nível de simetria entre o volume de utilização da natureza e o volume da oferta ecológica da Terra em coordenadas espácio-temporais, o nível de ordenamento N_{vn} no ESES muda. Ou seja, o seu nível atual é inferior à norma natural devido a alguma dissipação da ordem (N_{vn}) no processo de gestão da natureza.

A não tomada em consideração destas alterações na economia da natureza conduz à perda de parâmetros qualitativos e quantitativos da biomassa do capital natural. Podemos citar o seguinte exemplo da prática da natureza recreativa. O principal fator balneológico da famosa água mineral "Naftusya" é o conteúdo significativo de um complexo de compostos orgânicos. Estudos realizados por cientistas sobre a prática de utilização desta água sem ter em conta os requisitos do equilíbrio ecológico da natureza, mostraram que o aumento da intensidade de exploração desta água levou a alterações na sua temperatura e outros parâmetros biofísicos, reduzindo a matéria orgânica a longo prazo mg C / dm3 no início dos anos 80 para 10-14 mg C / dm3 nos anos 90) [46].

É neste estado que o orçamento não entrópico N_{vn} é máximo. A manutenção de um tal volume de orçamento não-entrópico nos SEE é a principal tarefa do seu desenvolvimento sustentável [55].

Consideremos um exemplo condicional de definição de normas ecológicas da gestão equilibrada da natureza com base na função comprovada por nós.

Utilizando estas funções, é possível calcular as taxas de conservação e consumo de biomassa do capital natural (Quadro 1.7.1).

Quadro 1.7.1

Determinação do volume de gestão ecologicamente sustentável na Estratégia Europeia de Emprego

№	Condição: $I_{vn} = K_{ef}./K_{.en}$					
i/o	K_{en}	K_{ef}	Y_n	I_{vn}	$S_{sust.}$	$C_{sust.}$
1	0.2	0.1	1.0	0.05	0.5.	0.5.
2	0.3	0.2	1.0	0.06	0.6.	0.4.
3	0.4	0.3	1.0	0.07	0.7.	0.3.
4	0.5	0.4	1.0	0.08	0.8.	0.2.
5	0.6	0.5	1.0	0.09	0.9.	0.1.

No Quadro 1.7.1 são apresentados os resultados condicionais do cálculo das normas de utilização da natureza ecologicamente equilibrada a diferentes níveis do potencial efetivo de ordenamento do ESES. A determinação dos índices de ordenação da ESES tornou possível o cálculo destas normas.

De acordo com os dados do quadro 1.7.1, as normas ambientalmente corretas de gestão sustentável da natureza são determinadas com base na tomada em consideração de índices de ordem.

O modelo de desenvolvimento económico da noosfera permite uma abordagem diferente para a definição de indicadores de sustentabilidade ambiental. Sabe-se que os indicadores de sustentabilidade forte e fraca propostos pela ONU em 1997 estão desvinculados do aspeto espacial da gestão da natureza. São definidos como indicadores decorrentes das identidades macroeconómicas modernas, visando apenas atingir um estado de equilíbrio macroeconómico dos processos económicos dentro de cada Estado. Assim, estes indicadores ignoram, de facto, a abertura dos processos de troca entre a natureza e a economia e, por conseguinte, o orçamento energético das actividades económicas em cada ESES. As condições de reprodução energética do capital natural dos EES, por nós esclarecidas na secção, permitem combinar o equilíbrio ecológico da economia com a estabilidade do capital de fertilidade da Terra, que é a fonte de ordenamento e de melhoramento de todo o mundo orgânico. Neste contexto, é conveniente distinguir os factores de produção dos bens económicos dos factores de produção dos bens ambientais, utilizando a teoria do relativismo. Ou seja, os diferentes tipos de capital, enquanto factores principais da produção destes bens, desempenham papéis diferentes na garantia de um modelo viável de desenvolvimento económico sustentável.

O principal critério neste sentido deve ser o critério da função de não-entropia, ou seja, a função de acumulação e de criação de ordem adicional e, por conseguinte, de valor acrescentado a nível local e macroeconómico do ESES. Porque é um fator chave na produção de novos produtos anuais de matéria viva como valor acrescentado.

Na natureza, esta função é realizada através da reação da fotossíntese. Na economia, a acumulação da ordem que chega à Terra com a energia solar ocorre através dos processos de gestão da natureza ecologicamente equilibrada. Isto permite aumentar a eficiência global do ESES planetário, aumentando a sua energia livre. Assim, a gestão da natureza recreativa proporciona a acumulação de nova ordem, o que aumenta a energia da saúde humana, e a gestão da natureza agrícola - a criação de nova matéria orgânica através do aumento dos rendimentos e muito mais. Estas indústrias aumentam o orçamento de não-entropia do estado ESES apenas se o potencial para a sua ordem, que pode ser considerado o capital da fertilidade da Terra, for preservado. Ao mesmo tempo, o capital produzido pelo homem gera entropia, pelo que a sua acumulação reduz a eficiência da biosfera. Por isso, a riqueza absoluta são os produtos da fotossíntese e os ramos da economia da película da vida, que ligam e retêm a energia solar no planeta. Estes são os seus principais produtos, sem os quais não pode existir.

Neste contexto, o capital absoluto pode ser considerado como um capital que é um meio de acumular ou criar uma nova ordem natural na Terra (o seu capital de fertilidade). Inclui o capital natural e o capital humano. Criando nova energia ou matéria orgânica no ambiente e na economia, ou seja, no ESES planetário, este capital desempenha, em nossa opinião, um papel crucial na formação de uma economia ambientalmente equilibrada. Ao mesmo tempo, o capital humano, que inclui maquinaria, equipamento, fundos, infra-estruturas, pode ser considerado capital relativo, porque não participa na criação de bens ambientais, ou seja, energia ou matéria viva.

Assim, o capital absoluto dos Cubs é constituído pelo capital humano, pelo capital natural e pelo capital de fertilidade da Terra (como refere S. Podolynsky) [77].

Por conseguinte, do ponto de vista da nossa proposta de modelo noosfera de desenvolvimento económico ecologicamente equilibrado, a condição necessária neste sentido deve ser a preservação do capital absoluto [68]. Esta condição pode ser escrita da seguinte forma:

$$\frac{dK_{abs}}{dt} > 0. \quad (1.7.6)$$

A preservação da estabilidade do capital absoluto a longo prazo deve ser complementada por condições de preservação do capital natural a curto prazo. Para isso, é necessário cumprir os seguintes requisitos:

$$S_n(t) - D_n(t) > 0, \quad (1.7.7)$$

em que $S_n(t)$ -preservação   do capital natural no$_{year}$ t;

     $D_n(t)$ -depreciação   do capital natural no$_{year}$ t.

A metodologia proposta para a construção de um modelo de planeamento espacial do desenvolvimento sustentável da ESES baseia-se na premissa de que os bens dos ecossistemas são produzidos no "mercado espacial" das paisagens naturais terrestres, onde se forma o preço do potencial de ordenamento, que é um pré-requisito para a conservação da biodiversidade.

1.8. Política Monetária e Mercado da Superfície Terrestre Produtividade Natural: equilibrando problemas

No mundo moderno, o dinheiro é a medida económica que permite a comparação de valores diferentes. No entanto, o sistema monetário permanece desligado dos parâmetros de valor da riqueza absoluta, nomeadamente a produtividade da Terra e da sua película de vida. Além disso, o atual mecanismo baseado em juros para assegurar a circulação de dinheiro torna-se uma evidente "máquina invisível de destruição" da película da vida, uma vez que a expansão da oferta de dinheiro leva a um crescimento exponencial da escala da economia no espaço terrestre da biosfera. A expansão da escala espacial da economia, por sua vez, é acompanhada por uma maior pressão sobre os recursos naturais da Terra. Como podemos libertar-nos deste ciclo "vicioso"? Que mecanismos de motivação podem ser utilizados para equilibrar o sistema monetário global com o sistema de produtividade natural da superfície terrestre? Afinal, o atual mecanismo de funcionamento do sistema monetário obriga a um crescimento constante da economia global, com as conhecidas consequências na destruição do ambiente natural. Além disso, o atual sistema métrico da economia não se baseia em quaisquer constantes físico-económicas, o que constitui o seu maior inconveniente no contexto do desenvolvimento sustentável e da prevenção das alterações climáticas.

Como é sabido, a teoria económica neoclássica promove a função de serviço da moeda nos processos económicos, defendendo que a moeda é apenas um instrumento técnico na construção e implementação de estratégias económicas e relações económicas [3;12].

A teoria quantitativa da moeda reflecte a interdependência entre a massa monetária, a velocidade da moeda e o PIB nominal.

$$MV=PY \quad (1.8.1)$$

em que M representa a massa monetária,

V é a velocidade de circulação da moeda,

P é o índice de preços,

Y é o produto final agregado da economia nacional (Produto Interno Bruto, PIB).

Com base nesta identidade da teoria quantitativa da moeda, os representantes da escola de pensamento neoclássica justificaram o princípio da neutralidade da moeda (dicotomia clássica). Este princípio baseava-se no pressuposto de que, se a velocidade de circulação da moeda é constante e o nível de produção $\bar{Y}$ também é constante, então, de acordo com esta identidade, existe uma relação entre M e P. Por conseguinte, o aumento da oferta de moeda conduz a um aumento dos preços, o que, supostamente, não afecta os processos económicos reais.

Acreditava-se que, em condições de velocidade constante da circulação monetária e de comércio, um aumento da quantidade de moeda resultaria num aumento proporcional dos preços, o que implica que a moeda é um mero ativo numérico e não uma mercadoria.

Assim, argumentou-se erradamente que a moeda não tem um suporte material (ou material-energético) independente, ao contrário da teoria do padrão-ouro, que era predominante na ciência económica do século XIX.

Na economia globalizada atual, o dinheiro é visto como um determinado instrumento que desempenha as seguintes funções: unidade de conta, meio de troca, reserva de valor, meio de pagamento e moeda global.

Para cumprir estas funções, a moeda deve possuir a propriedade da liquidez. Para este efeito, são utilizados agregados monetários (M_1, M_2, M_3, L), que diferem entre si em função do grau de liquidez [66]. Ao mesmo tempo, os depósitos monetários ocupam uma quota cada vez mais significativa na circulação monetária da economia mundial. Por conseguinte, os agregados monetários devem ser interpretados da seguinte forma:

M_1 = numerário + depósitos em cheque;

M_2 = M_1 + depósitos à ordem + pequenos depósitos (pequenos montantes);

M3 = M_2 + depósitos a prazo + grandes depósitos;

L = M_3 + obrigações + outros passivos.

Assim, pode afirmar-se que o dinheiro moderno é interpretado na economia como activos líquidos que não estão de modo algum ligados ao capital absoluto da fertilidade da superfície terrestre na economia. Examinemos com mais pormenor como se forma a procura de moeda hoje em dia. A identidade da teoria quantitativa da moeda (1) pode ser transformada numa equação através da introdução de certas constantes (const).

A procura de moeda pode ser representada graficamente como uma curva de procura agregada.

Suponhamos que Y (produto) aumenta ($\uparrow$), enquanto os preços P permanecem fixos (constantes). Então, M (oferta de moeda) deve também aumentar para acomodar o crescimento do PIB (Y).

Daqui resulta que

$$M^D = f(Y) \tag{1.8.2}$$

A regra monetária de M. Friedman estabelece que a quantidade de oferta de moeda deve ser aumentada na mesma proporção que o crescimento do PIB. Como argumento de apoio a esta regra, consideremos o seguinte exemplo. Se fixarmos o PIB real ($\bar{y}$), ocorrerá inflação, o que aumenta a procura de moeda:

$$M^D = f(Y; \pi; i), \qquad\qquad (1.8.3)$$

em que π representa a inflação,

i - representa a taxa de juro nominal.

Em geral, as teorias modernas da procura de moeda (neo-keynesianas e neoclássicas) têm em conta a forma como os custos alternativos de detenção de moeda afectam a procura de moeda. Estas teorias incluem o modelo Baumol-Tobin e o modelo monetarista de Milton Friedman [9].

Vamos examinar estes modelos com mais pormenor:

1. O modelo Baumol-Tobin é um modelo de procura de moeda para transacções que considera custos alternativos de detenção de moeda:

$$M^D = \frac{x}{2}\sqrt{\frac{hY}{2i}} \qquad\qquad (1.8.4)$$

em que x é o montante retirado da conta de depósito para conversão em numerário;

h é o pagamento dos serviços bancários relacionados com a conversão;

i são despesas alternativas que assumem a forma de rendimentos de juros (i);

Y é o rendimento transferido para a conta de depósito do agregado familiar.

Em geral, esta procura pode ser representada por: $M^D = M^D(Y_+; i-)$ dado um valor específico de h (1.8.5).

Por conseguinte, de acordo com o modelo de Baumol-Tobin, a procura de moeda é uma função crescente do rendimento (Y) e uma função decrescente da taxa de juro (i).

2. O modelo de M. Friedman (teoria das carteiras) [12;66].

$$M^D = f(Y, W, i_A, i_B, i_D .... \overline{P}) \tag{1.8.6}$$

em que Y é o rendimento corrente nominal;

P é a taxa de inflação;

i_A é o rendimento das acções;

i_B é o rendimento das obrigações;

i^D é a taxa de juro do depósito;

W é o património acumulado calculado com base no conceito de rendimento permanente.

De acordo com esta "teoria da carteira", as expectativas dos consumidores afectam a procura de moeda. As expectativas optimistas dos agentes económicos conduzem a um aumento da procura de activos não monetários, enquanto as expectativas pessimistas estimulam um aumento da procura de moeda. Assim, de um modo geral, pode afirmar-se que a procura de moeda é uma função comportamental (uma função dos agentes económicos).

Quanto à oferta de moeda M^S proposição, ela é hoje determinada principalmente por factores institucionais. A oferta de moeda refere-se ao processo de formação da quantidade total de moeda num país. O funcionamento e o sucesso de uma economia nacional são significativamente influenciados pelo sistema monetário e pela política monetária do governo. Assim, a massa monetária é uma das funções mais importantes do Estado, desempenhada pelo Banco Nacional da Ucrânia.

Existem vários instrumentos regulamentares através dos quais o governo aumenta ou diminui a quantidade (oferta) de moeda em circulação na economia nacional:

1. Seigniorage (emissão de moeda).

2. Operações de mercado aberto com títulos. O governo pode aumentar a oferta de moeda através da compra de obrigações ao público, etc.

3. A taxa de desconto fixada pelo Banco Nacional da Ucrânia.

4. As reservas mínimas para depósitos.

Por conseguinte, o Banco Nacional da Ucrânia desempenha um papel crucial na determinação e implementação do volume da oferta de moeda no país. Ao mesmo tempo, os bancos comerciais e o sector não bancário da economia nacional, incluindo as famílias, podem ter uma influência indireta nestes processos.

Atualmente, os factores que influenciam a oferta de moeda no país incluem:

- A dimensão da base monetária (N).
- Reservas mínimas obrigatórias para depósitos no Banco Nacional da Ucrânia (R).
- O rácio entre numerário e depósitos (d).

O sistema bancário, especialmente a sua capacidade de multiplicar dinheiro, tem um impacto significativo. Isto levanta a questão: como relacionar o volume da oferta de moeda na economia nacional com o potencial energético-material e multiplicador da fertilidade da superfície terrestre, ou seja, do seu capital espacial, e não apenas com o potencial multiplicador da produtividade do seu sistema bancário?

Se considerarmos a economia nacional como isolada do meio natural, funcionando em modo adiabático, então esta economia existe apenas com base no seu próprio stock de "energia interna" ΔE do seu sistema bancário [55].

Assim, o volume de "trabalho" realizado pela economia nacional (NE) pode ser representado da seguinte forma:

$$\Delta A = -\Delta E, \quad (1.8.7)$$

$$\text{em que } E = f(M^s). \quad (1.8.8),$$

a proposição é que a oferta de moeda não depende das reservas internas de energia do sistema bancário do país. Neste caso, a base monetária é formada com base na quantidade de dinheiro e depósitos bancários:

$$B_2 = C + D \qquad (1.8.9)$$

em que C representa numerário e D representa depósitos bancários.

Como se depreende da fórmula (1.8.9), os depósitos bancários são uma componente paritária da base monetária juntamente com o numerário, o que permite a expansão da moeda de crédito através da sua multiplicação pelo sistema bancário. Esta moeda não tem uma base natural, mas sim critérios de valor relativo.

Por conseguinte, pode argumentar-se que, quando a economia é considerada como um sistema que funciona num regime adiabático (incluindo a energia interna sem o influxo de energia natural externa - bioinformação), então:

$$\Delta M = \Delta B \cdot M, \qquad (1.8.10)$$

em que ΔB é a base monetária, que tem um efeito multiplicativo sobre a circulação da moeda na economia nacional.

Neste caso, a reprodução alargada do sistema monetário ocorre através do crescimento da moeda que rende juros.

Os juros sobre o crédito, como meio de assegurar a rotação do dinheiro, representam atualmente um mecanismo de redistribuição sombra (oculta) do dinheiro. Como bem salientou M. Kennedy, este mecanismo não se baseia na participação económica, mas resulta do facto de qualquer pessoa poder entravar o desenvolvimento de uma economia de mercado livre, ou seja, a troca de bens e serviços, retendo os meios de troca [64]. Paradoxalmente, recebem uma recompensa por isso! Assim, há uma saída de dinheiro daqueles que o possuem em menor quantidade para aqueles que possuem muito mais do que precisam. Este facto confirma a existência de um novo modelo de criação de valor adicional no mundo moderno, ou seja, na esfera da circulação monetária. De acordo com as estimativas do Banco Internacional para a Reconstrução e o Desenvolvimento, o volume das transacções monetárias à escala mundial é 15 a 20 vezes superior ao montante efetivamente necessário para a realização de trocas de mercadorias.

Ao mesmo tempo, o cenário de crescimento exponencial da moeda remunerada na circulação da economia pode ser ilustrado na Figura 1.8.1.

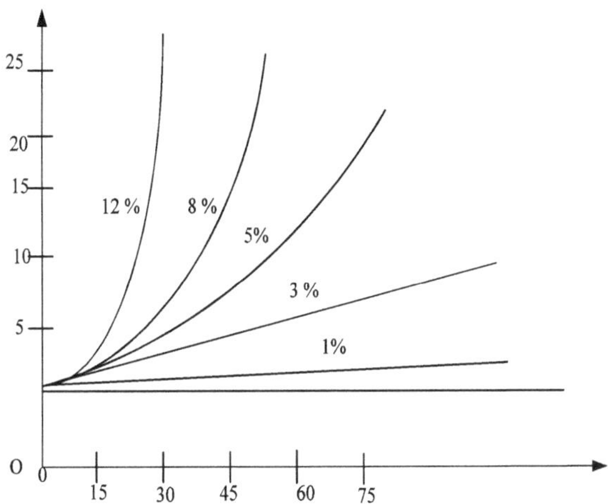

Fig. 1.8.1. Crescimento exponencial da circulação de moeda na economia [8]

Como se pode ver na figura 1.8.1, o período de tempo necessário para duplicar o valor de um montante investido será: com uma taxa de juro anual de 3%, serão necessários 24 anos; 6% - 12 anos; 12% - 6 anos. Mesmo com uma taxa de juro anual de 1%, os juros compostos conduzem a um crescimento exponencial, com a duplicação a demorar quase 70 anos.

Assim, pode argumentar-se que o atual sistema de crescimento exponencial da moeda através das taxas de juro cria numerosos problemas socio-ecológicos no mundo moderno. Isto porque o preço de cada bem económico, pelo qual pagamos dinheiro, inclui uma componente de juros. Por exemplo, a percentagem de pagamentos de juros no preço da água potável é de 38%, no preço dos bens de consumo quotidiano - 50%, nos preços da habitação - cerca de 77%.

O reputado cientista americano John L. King estabelece um paralelo entre a inflação e o pagamento de juros pelas instituições credoras internacionais. Considera as taxas de juro como uma das principais causas do aumento dos preços, uma vez que estão implicitamente presentes nos preços de todos os bens económicos [12;66].

Nas últimas décadas, a dívida pública e privada aumentou, nomeadamente nos Estados Unidos, em 1000%. A maior parte desta dívida recai sobre os mutuários privados. O governo utilizou todos os meios para estimular continuamente este crescimento: garantias para as taxas de juro, subsídios para as taxas de hipoteca, entradas baixas para a compra de imóveis, condições de empréstimo flexíveis, vantagens fiscais, mercados secundários, seguros de pagamento, etc. As consequências sociais a curto prazo do crescimento económico impulsionado pela expansão exponencial da moeda passam despercebidas. No entanto, é evidente que quanto maior for a inflação, mais destrutivo será o impacto da economia no ambiente devido ao seu crescimento. Simultaneamente, o esgotamento dos recursos naturais através da intensificação das actividades económicas leva ao reforço das tendências inflacionistas na economia [55].

O atual cenário de pagamento de juros (juros compostos) na economia desencadeia o mecanismo de expansão patológica e "cancerosa" da economia e da massa monetária, resultando numa maior pressão da sociedade humana sobre a "economia" da superfície da Terra (pegada ecológica e pegada de carbono).

O poder destrutivo do sistema monetário baseado em juros é mais evidente na esfera da película da economia da vida, especialmente na agricultura, onde a superfície da Terra e a sua fertilidade são os recursos básicos. Além disso, não podemos esquecer que a Terra é a base biológica dos processos vitais e serve de base espacial para a economia. Por conseguinte, na nossa opinião, deveria pertencer a toda a nação da Ucrânia e ser arrendada apenas a empresas agrícolas. Esta combinação de propriedade pública e uso privado da terra pode ser a solução mais bem sucedida para as questões fundiárias no contexto dos requisitos do Conceito Mundial de Desenvolvimento Sustentável. Se a economia for encarada como um subsistema integrado no espaço terrestre da biosfera, é evidente que o modelo de base monetária também tem de mudar.

O que acontece à base monetária se a interpretação do regime económico de funcionamento mudar?

Como é sabido, no processo de funcionamento como um sistema aberto (em que a economia nacional é tratada como o sistema ecológico-social-económico (SEE) do país), recebe alguma energia do ambiente externo (o Sol). Esta energia representa investimentos adicionais em energia solar, que serve como uma fonte de valor absoluto, e não relativo, na economia.

Como já foi referido, no regime isotérmico de "trabalho", a economia funciona não só através de mercados económicos, mas também através de mercados naturais (biogeocenoses, fitocenoses, etc.), que recebem a energia solar do ambiente externo e funcionam como estruturas naturais estáveis que moldam os fluxos de recursos para a economia [6; 7].

Estes mercados naturais do capital da fertilidade da superfície terrestre são os mercados primários de cada economia nacional enquanto ESES do país. A economia não pode ser abstraída deles porque criam energia adicional para os processos vitais na Terra e valor adicional incorporado na produção anual de matéria viva.

Pode a massa monetária de um país ignorar esta base natural de valor adicional absoluto?

Claramente, não, pois deve refletir-se na formação da massa monetária no mercado monetário do país. Assim, se a economia for considerada numa dimensão ecológico-social, como uma componente do sistema ecológico da Terra (biosfera) e da sua película de vida, o trabalho agregado da economia nacional enquanto sistema económico do país pode ser representado como:

$$\Delta A = - \Delta F, (1.8.11)$$

Por sua vez,

$$AF = E - TS. \quad (1.8.12)$$

em que F representa a energia livre da biosfera terrestre em que o sistema económico existe,

E - representa a energia interna deste espaço,

T - representa a temperatura, e S representa a entropia.

A variação da energia livre ΔF depende da variação da energia interna ΔE e da variação da entropia ΔS a uma temperatura fixa T:

$$\Delta F = \Delta E - T\Delta S. (1.8.13)$$

Uma vez que a diminuição da entropia é igual à bioinformação que entra com o fluxo de energia solar para a superfície da Terra $\Delta S = l_n$, então

$$\Delta F = \Delta E + Tl_n . \qquad (1.8.14)$$

Como é que estes modelos podem ser considerados na descrição das relações financeiras na economia nacional no âmbito da ESE do país?

A energia e o trabalho total têm um valor que não pode ser abstraído do sistema contabilístico da economia nacional. Podem ser avaliados em joules ou quilowatts-hora, em toneladas de petróleo equivalente, etc. Ao mesmo tempo, precisam de ser avaliados na moeda nacional, se o preço de uma unidade de trabalho na produção de novos produtos tangíveis for conhecido.

A adesão a estas relações ao determinar a oferta de moeda num país reflectirá, em certa medida, as relações causais que surgem entre o potencial natural (energético) da base espacial económica e o seu desempenho.

Sabe-se, por exemplo, que quando $\uparrow Y$ (produto) aumenta, a procura de moeda $\uparrow M_D$ (procura de moeda) também aumenta, o que faz subir o seu preço (taxa de juro). Consequentemente, leva a uma diminuição do investimento $\downarrow I$ e, em última análise, a uma diminuição do desempenho económico $\downarrow Y$.

Entretanto, quando $\uparrow Y$ aumenta, $\uparrow M_D$ também aumenta, o que, sem dúvida, reduz $\downarrow NX$ (exportações líquidas) e, portanto, o desempenho da economia $\downarrow Y$.

Daqui se conclui que existe uma estreita interdependência entre os mercados monetário e de mercadorias que não pode ser ignorada. No entanto, não se pode ignorar o facto de o mercado de mercadorias de um país depender funcionalmente do "mercado" da natureza da superfície terrestre, que lhe oferece uma certa capacidade de trabalho da energia e da bio(fitomassa) da superfície terrestre.

Conclusões

O mundo de hoje, complicado por crises ambientais, financeiras e económicas, exige a formação de um modelo qualitativamente novo de desenvolvimento sustentável. Ao mesmo tempo, os processos de globalização que visam apenas a expansão económica contribuem para o agravamento destas crises, porque ignoram os requisitos das leis de conservação da biosfera da Terra. A incapacidade da ciência económica não clássica para resolver estes problemas predeterminou a necessidade do desenvolvimento e aplicação do novo conhecimento físico-económico. Este conhecimento baseia-se nas realizações da escola científica ucraniana de economia física e tem em conta as novas realizações das ciências naturais e sociais que tiveram lugar na viragem dos séculos XX e XXI.

À luz dos últimos desenvolvimentos das ciências naturais, a economia mundial deve ser considerada como construída no espaço terrestre da biosfera. Parece ser um elo intermédio entre a biosfera e os sistemas paisagísticos terrestres que estão interligados por processos de troca constante de energia solar e os influxos do espaço exterior, o que provoca a ordenação natural e é a fonte de produção da nova matéria viva como capital natural. Ao mesmo tempo, partindo da necessidade da sua maior conservação possível para as gerações futuras, coloca-se o problema da modelação físico-económica das condições da sua estabilidade. Isto requer a identificação dos factores energéticos da sua reprodução e tem de proceder a partir das leis da teoria de V. Vernadsky. Por outro lado, é necessário ter em conta o fenómeno da suficiência negentrópica da preservação da biosfera.

Assim, a abordagem sinergética do sistema baseada no novo conhecimento físico-económico deve tornar-se a base para uma maior integração do conhecimento científico para a reestruturação do domínio da ciência económica em geral. Neste contexto, deve ser dada especial atenção aos problemas de fundamentação das novas leis e funções do desenvolvimento sustentável da ESE como um objeto de investigação qualitativamente mais complexo e uma conceção de sistema na mais recente ciência macroeconómica física.

A certa altura, como se sabe, a revolução metodológica na teoria do valor tinha-se tornado a sua ligação com a categoria da "utilidade máxima da riqueza". Assim, a categoria do valor recebeu uma interpretação algo subjectiva, e a ciência económica começou a basear-se na premissa de que o valor da riqueza é uma função da sua utilidade máxima para o consumidor económico orientado para o mercado. Se considerarmos a economia como um ESES complexo, então, de acordo com V. Vernadsky, a prioridade deve ser avaliar a "escolha biofísica" na preservação da estabilidade dos ecossistemas das paisagens terrestres que garante a preservação do capital natural do planeta e a produção de mais-valia absoluta e, por isso, a física do marginalismo passa para o primeiro plano.

Assim, a ciência físico-macroeconómica baseia-se no princípio da melhoria da sociedade, tendo em consideração e explorando o fenómeno da mais-valia universal (absoluta) que é de origem natural e não social. Neste contexto, a tarefa primordial da economia do desenvolvimento sustentável, que deve tornar-se preservadora da vida pela sua natureza, é desempenhar a sua função de mediação na transformação da bioinformação vinda do espaço exterior para a superfície da Terra em trabalho eficiente. Neste caso, é seguro dizer que o modelo noosférico da economia está formado.

Uma análise retrospetiva do desenvolvimento da ciência económica pós-não clássica permite as seguintes generalizações:

O mundialmente conhecido cientista ucraniano S. Podolynsky (século XIX) lançou as bases de uma escola qualitativamente nova na ciência económica mundial - a escola ucraniana de economia física. Este cientista demonstrou que o trabalho humano é uma atividade ligada à regulação dos fluxos de energia solar. Alguns tipos de trabalho são eficazes apenas quando a energia do Sol é utilizada na economia, e outros tipos - apenas no caso da sua preservação e processamento, e no total a humanidade pode assegurar o fluxo de entropia (negentropia) suficiente para o desenvolvimento sustentável. Para garantir isso, a teoria do valor do trabalho deve ser complementada com a teoria do equilíbrio energético da Terra, e a economia política tem uma alternativa - a economia física.

De acordo com os cálculos de S. Podolynsky, um desenvolvimento sustentável (equilibrado) da sociedade deve ser considerado como um desenvolvimento em que o custo de uma caloria de trabalho humano atrai para a circulação 20 calorias de energia solar (atualmente, isto é chamado de "Princípio de Podolynsky"). S. Podolynsky relaciona o progresso da sociedade com o aumento do orçamento energético de cada ser humano e da humanidade em geral, com a preservação e acumulação da energia do Sol. A preservação e a acumulação de energia ocorrem devido ao trabalho consciente e criativo do homem.

S. As ideias de Podolynsky foram desenvolvidas por V. Vernadsky. O seu grande mérito é a sua teoria da matéria viva. De acordo com a definição do cientista, a matéria viva não é apenas uma fonte de energia para os processos geoquímicos na Terra, mas também uma fonte de energia livre que os suporta. É devido à matéria viva que a biosfera se torna o invólucro ativo da Terra. O cientista considera a biosfera como um sistema negentrópico que, devido à matéria viva, pode acumular energia solar, compensando assim as suas perdas por radiação térmica. Esta ideia foi também explorada por S. Podolynsky.

Tendo em conta as conclusões científicas dos grandes cientistas ucranianos, surge a necessidade de um estudo mais aprofundado do conteúdo intrínseco da categoria "capital natural", uma vez que a validade de outras justificações metodológicas na economia física moderna depende em grande medida dessa categoria.

V. Vernadsky revela fenómenos relacionados com o movimento social da matéria viva e define o conceito de "noosfera", que interpreta como a esfera da razão humana. Nas obras de Podolynsky não há interpretação deste conceito, mas ele define claramente o papel da inteligência humana no processo de acumulação da energia do Sol que chega à superfície da Terra. Neste contexto, o cientista justifica a autotrofia como uma caraterística específica do trabalho humano. Esta justificação, na nossa opinião, permite afirmar que hoje a primeira prioridade da atividade económica dos seres humanos, do ponto de vista dos requisitos do desenvolvimento sustentável do mundo estabelecidos no conceito de desenvolvimento sustentável do mundo (1992) e no esboço zero do documento final da Conferência Rio+20 "O futuro que queremos", é assegurar a transformação óptima da bioinformação fornecida com a energia solar vinda do espaço exterior para a superfície da Terra, em trabalho efetivo. É por isso que entendemos que o nível de eficácia deste trabalho tem de ser determinado comparando a quantidade de energia solar ordenada natural preservada e dissipada no processo de atividade económica. Isto exige a formação de modelos físico-económicos qualitativamente novos de desenvolvimento sustentável do mundo.

M. Rudenko amplia e desenvolve o paradigma científico de S. Podolynsky. Este cientista constrói o seu sistema económico-filosófico com base nos princípios de síntese da filosofia, economia, cosmologia, matemática, física e outras ciências. Falando sobre os métodos de cognição, ele enfatiza que eles devem ser baseados em princípios metafísicos, e a cognição deve começar com a definição da substância que o cientista trata como energia cósmica. É por isso que a mais-valia absoluta, segundo a sua definição, é a energia adicional do Sol que a humanidade utiliza para o seu progresso. Portanto, é a energia do progresso. E a mais-valia relativa, segundo o cientista, é formada pelo trabalho do homem. Estas conclusões científicas de M. Rudenko podem ter aplicação prática na determinação de indicadores de desenvolvimento sustentável do ponto de vista físico-económico. Atualmente, estes indicadores colocam em pé de igualdade os tipos de capital absoluto (humano, natural) e relativo (criado pelo homem, institucional), o que é metodologicamente incorreto. É necessário introduzir na economia teórica os princípios metodológicos da teoria da relatividade de A. Einstein, o que permitirá, em nossa opinião, combinar mais corretamente o conceito de formação da mais-valia absoluta com a teoria da utilidade marginal. Ao mesmo tempo, esta teoria deve basear-se na física do marginalismo, uma vez que a economia é aqui explorada nas coordenadas espaciais da biosfera, onde existem parâmetros objectivos e limites da física do espaço.

Durante muito tempo, o fornecimento de recursos naturais do ambiente natural à economia não foi entendido como a sua dependência das leis da natureza. Ao mesmo tempo, resulta das leis da física que as estimativas quantitativas de todos os processos nos sistemas naturais têm uma expressão energética e são determinadas espacialmente. A economia é construída no espaço da biosfera. Por conseguinte, para o seu desenvolvimento sustentável, é importante ter em conta os factores determinantes da física da biosfera terrestre. A economia física contemporânea explora os fenómenos e processos económicos em estreita relação com os fluxos de energia-matéria e bio-informação provenientes do espaço exterior. Isto permite encontrar uma base cognitiva para a modelação espacial da preservação da biomassa da matéria viva no processo da atividade económica.

Sendo a biosfera, que inicialmente é uma entidade sistémica sustentável, interpretada como um ecossistema planetário, transforma-se no sistema ecossocioeconómico (SEE) a partir do momento em que a sociedade com a sua economia se torna um fator geológico transformador do seu desenvolvimento. Este sistema planetário dinâmico holístico, constituído por subsistemas naturais e socioeconómicos que são os seus componentes territoriais, deve tornar-se, na nossa opinião, o objeto de estudo da ciência físico-económica contemporânea. Esta necessidade é causada pelo facto de o nível de organização da biosfera ter alguns valores limite que não podem ser ultrapassados durante a realização de actividades económicas. Estes limiares, que devem ser objeto de modelação dos processos económico-espaciais, são os critérios energéticos de estabilidade da biosfera que, de acordo com os postulados da termodinâmica de não-equilíbrio, parecem ser os parâmetros de preservação da sua ordem natural, ou seja, a negentropia. Como são uma das fontes de formação do valor primário no ESES, devem tornar-se objeto de atenção especial para a ciência contemporânea do desenvolvimento sustentável do mundo. É por isso que a metodologia físico-económica é a metodologia de obtenção de conhecimentos sobre o espaço físico dentro de cujas fronteiras se desenvolve a atividade económica, a fim de determinar para essa atividade o limite ótimo (volume), desenvolver mecanismos não mercantis para a preservação da biodiversidade (biomassa) da matéria viva e fundamentar as leis qualitativamente novas do valor e as leis da rotação do dinheiro. A produtividade biológica da superfície da Terra depende funcionalmente do nível da sua capitalização natural. Neste contexto, a introdução da coordenada espacial do capital natural da Terra na economia física contemporânea é importante, pois permite ter em conta as particularidades espaciais da capacidade de trabalho físico-económico da Terra.

O capital natural desempenha um papel importante nos processos de reprodução de cada economia nacional. No entanto, a interpretação simplificada da essência deste capital, sem ter em conta as suas funções físico-económicas no espaço da biosfera terrestre, conduziu à redução da eficácia global da sua utilização e a uma perda considerável dos fluxos de recursos na biosfera.

Ao mesmo tempo, de acordo com a teoria de V. Vernadsky, a força mais poderosa na superfície da Terra, que põe em movimento o ciclo da natureza, é a matéria viva que deve ser concebida como o capital natural da Terra. Trata-se de um capital espacial da Terra.

Este capital tem uma estrutura clara. Uma parte dele é a biomassa de matéria viva na superfície da Terra. Esta biomassa, acumulando a energia do Sol, é a base com cuja ajuda se realiza a produção anual de matéria viva. Participa em numerosos ciclos de "fabrico" destes produtos, transferindo o seu valor para os produtos recém-criados da matéria viva, ano após ano, em partes. É por isso que, partindo do princípio filosófico da semelhança, pode ser comparada com a propriedade vegetal de qualquer empresa da economia nacional. Portanto, as caraterísticas típicas da biomassa de matéria viva na superfície da Terra são:

1. Conserva a sua forma material durante um longo período de tempo;

2. Participa em numerosos ciclos de "fabrico" da produção de matéria viva;

3. Transfere o seu valor para estes produtos recém-criados em partes, consoante o seu desgaste.

No entanto, os pré-requisitos necessários para a produção anual de matéria viva, para além da biomassa, é uma certa quantidade de negentropia remanescente na Terra, uma vez que é a principal fonte de ordem e melhoria. Representando uma certa reserva restante (fundo) na Terra, esta negentropia serve como fonte para o crescimento da capacidade de trabalho de cada ecossistema terrestre (TES). Mas, ao contrário da biomassa, a negentropia remanescente na superfície da Terra, materializada na nova produção de matéria viva, perde sua forma energética, pois participa de apenas um ciclo de sua "produção". Pelo seu conteúdo, é muito semelhante ao capital circulante da empresa na economia.

Assim, o capital da Terra é constituído pelo capital fixo e pelo capital circulante que, integrando-se, cria a nova mais-valia de origem natural - produção anual de matéria viva.

A macroeconomia física dá ênfase à missão única dos seres humanos na Terra, ligada à conservação da energia da natureza no processo da atividade económica. Estuda os fenómenos e processos económicos em estreita relação com os fluxos de energia-matéria e bioinformação provenientes do espaço exterior. Isto permite encontrar uma base cognitiva para a modelação espacial da preservação da biomassa no processo da atividade económica com base nos princípios do dualismo, que indicam a necessidade de ter em consideração as abordagens conceptuais da teoria da relatividade na economia teórica. Assim, a fonte do valor acrescentado absoluto é a natureza e a do valor relativo é o trabalho realizado pela sociedade. Neste contexto, o dualismo relativo às fontes de energia da riqueza pode ser representado como:

- energia transformada do Sol;

- trabalho humano, que, de acordo com S. Podolynsky, tem um coeficiente de ação de 0,05-0,1.

Por conseguinte, para além da função de produção, a economia deve desempenhar a função de converter a bioinformação que chega à superfície da Terra em trabalho efetivo.

Atualmente, a economia física centra-se no estudo das forças que asseguram o desenvolvimento sustentável (equilibrado) dos sistemas ecossocioeconómicos complexos (ESES) no espaço, uma vez que disso depende a conservação da vida no planeta.

Assim, a macroeconomia física estuda as forças que asseguram o movimento (desenvolvimento) destes sistemas, utilizando as noções de energia, entropia, força, espaço, etc., baseadas na física.

Os modelos macroeconómicos físicos, que representam a economia nacional como uma parte do complexo ESES do país, estudam as condições de equilíbrio dos "mercados" naturais e económicos interligados do país.

A principal tarefa da reprodução da ESES é a preservação da estabilidade das condições estacionárias do seu ecossistema terrestre. É por isso que, em caso de deterioração das mesmas, é necessário reagir imediatamente, reduzindo a pressão do subsistema socioeconómico sobre elas. São os índices macroeconométricos da economia física que ilustram as mudanças no estado do SEE (isto é, as mudanças nos parâmetros dos seus índices-alvo) sob o efeito de factores objectivos e subjectivos. Podem fazê-lo com a ajuda de multiplicadores físico-económicos apropriados, que caracterizam o grau de influência indireta de algum fator subjetivo no índice-alvo (identificador de objectivos), que é utilizado para avaliar o estado de coisas no SEE do país.

A mais recente modelação físico-económica dá a oportunidade de mostrar o mecanismo de funcionamento e regulação de um ESES complexo do país, não só qualitativamente, mas também quantitativamente. Tudo isto pode servir de base para:

- previsão das tendências de preservação da produtividade do capital natural e do desenvolvimento sustentável do ESES do país;

- formação da política estatal preventiva de desenvolvimento sustentável (PSPSD);

- programação estatal e regional de medidas concretas com vista ao desenvolvimento sustentável da economia nacional;

- fundamentação dos novos objectivos e tendências da programação estatal, das acções do governo e dos organismos locais autónomos no âmbito da aplicação do sistema de protecionismo estatal em relação à aplicação da regulamentação macroeconómica espacial da gestão do território.

O valor é atribuído às categorias fundamentais da ciência económica.

No pressuposto da economia física, a fonte primária de valor é o potencial bioenergético determinado espacialmente da fertilidade da superfície da Terra.

Ao mesmo tempo, o valor dos benefícios naturais (ecológicos) tem uma certa estrutura orgânica - uma parte do valor é criada pelo consumo de energia passado materializado na cobertura vegetal da Terra, enquanto a outra parte - pelo potencial energético da ordem e representando o valor recém-criado.

Como a energia do progresso (de acordo com M. Rudenko) chega à humanidade através da reação da fotossíntese, é dada especial atenção na economia física aos ramos da "economia da película da vida" que estão organicamente combinados com a capacidade de fotossíntese da superfície da Terra. Um destes ramos é a agricultura biológica, que pode aumentar o volume de valor acrescentado na economia nacional da Ucrânia.

Atualmente, o modelo da economia mundial é tal que algumas economias nacionais podem perder as suas vantagens comparativas devido às transferências internacionais de capitais. A polarização crescente através da lavagem de capitais dos países mais pobres e da sua acumulação nos países mais ricos cria tensões ecológicas e sociais cada vez maiores.

Ao mesmo tempo, o capital de fertilidade da Terra, que representa o fundo de bioenergia da produtividade biológica natural da sua superfície, é a única variedade de capital que não está sujeita a deslocação. É por isso que, na nossa opinião, este capital deve adquirir o estatuto de uma certa medida de dinheiro na economia do desenvolvimento sustentável. O indicador deste capital é o fundo (reserva) de biomassa de vegetação terrestre que, segundo M. Rudenko, cresce devido à agricultura biológica e à plantação de florestas - esta é a energia do progresso menos a entropia. Este é o capital que tem a capacidade de reduzir a entropia na superfície da Terra, pode ser chamado o capital do desenvolvimento sustentável do mundo.

Lista de referências

1. Agenda 21, Conferência das Nações Unidas sobre o Ambiente e o Desenvolvimento de 1992. Rio de Janeiro (Nações Unidas). Conf. 151/4.

2. Ambros P., Granvik M. (2020). Tendências das terras agrícolas nos países da UE da região do Mar Báltico na perspetiva da resiliência e da segurança alimentar. Sustainability.

3. Economia Analítica: Macroeconomia e Microeconomia: Livro didático em 2 volumes. Volume 1: Introdução à Economia Analítica. Macroeconomia. Editado por S. Panchishin e P. Ostroverkh. 4ª edição, revista e aumentada. Kyiv: Znannia, 2006. (723 p.)

4. Andersen, I. (2010). O clima está a mudar. Why Should Ukraine Be Concerned? Dzerkalo Tyzhnia, 2-8 de outubro.

5. Atamas, N.I. (2010). Contemporary Controversial Trends in Dollarization of Emerging Market Economies (Tendências controversas contemporâneas na dolarização das economias dos mercados emergentes). Problems and Perspectives of Ukrainian Banking System Development: Coleção de trabalhos científicos. Academia Ucraniana de Banca do Banco Nacional da Ucrânia. Sumy, Vol. 30, pp. 7-17.

6. Bazilevich, V., Bazilevich, K., Balastrik, L. (2008). Macroeconomia: Textbook. Editado por V. Bazilevich. Kyiv: Znannia. (851 p.)

7. Berezyuk T. V. A Convenção-Quadro das Nações Unidas sobre Alterações Climáticas é a base jurídica internacional para a cooperação no combate às alterações climáticas globais. [Recurso eletrónico] - Modo de acesso ao recurso:

https://dspace.uzhnu.edu.ua//jspui/bitstream/lib/21193/1/PAMKO
BA%20КОНВЕНЦIЯ%20ООН%203I%203МIНИ%20КЛIМАТ
У.pdf

8. Bilorus O.G. Perspetiva global e desenvolvimento sustentável (Investigação sistémica de marketing) / O. Bilorus, Yu. Matsevko. - Kyiv: MAUP, 2005. - 492 p.

9. Bilorus, O.G. (2001). Global Noospheric Economy. Kyiv. (149 p.)

10. Biodiversidade: How Much Is Left? Caraterísticas do Índice de Capital Natural (NCI) [Recurso eletrónico]. - Modo de acesso: http://www.ulrmc.org.ua/services/binu/prmaterials/nci_flyer_ua.p df

11. Burkynsky B.V. Problemas de desenvolvimento sustentável da região ucraniana do Mar Negro (Orientações do programa) / B.V. Burkynsky // Ucrânia no século XXI: Conceitos e modelos de desenvolvimento económico. - Lviv: Instituto de Estudos Regionais, Academia Nacional de Ciências da Ucrânia, 2000. - Parte 2. - P. 370-374.

12. Blaug M. O Pensamento Económico em Retrospetiva / M, Blaug. - Moscovo: Delo, 1994. - 720 p.

13. "VAMOS!" - Capitalismo, Curto Prazo, População e a Destruição do Planeta. 2017. URL: https://vsvittranslate.blogspot.com/2017/12/come-on.html

14. Comunicação da Comissão ao Parlamento Europeu, ao Conselho, ao Comité Económico e Social Europeu e ao Comité das Regiões. Infraestrutura Verde (IG) (2013) - Valorizar o capital natural da Europa. Comissão Europeia. Disponível em: https://eur-lex.europa.eu/legal-content/EN/TXT/?uri=CELEX:52013DC0249

15. Conceito de desenvolvimento sustentável da Ucrânia (projeto) // Svit. - 1997. - 22 p.

16. Costanza, R., 2008. Serviços ecossistémicos: são necessários múltiplos sistemas de classificação. Biol. Conserv. 141, 350-352.

17. Costanza R. Economia Ecológica: The Science and Management of Sustainability / R. Constanza. - Nova Iorque, 1991. - 435 p.

18. Costanza R., D'Aarge R., De Groot R. et al. The value of the World's Ecosystem Services and Natural Capital/ Constanza R., D'Aarge R., De Groot R., Farbes S., Grasso M., Hannon B., Limburg K., Naeem S., O'Neill R., Parvelo J., Raskin R., Sutton P., van den Belt M// Nature. - 1997. - maio, 15 - P. 253-260.

19. Constituição da Ucrânia: Adoptada na quinta sessão da Verkhovna Rada da Ucrânia em 28 de junho de 1996, n.º 254/96-VR // Jornal Oficial da Verkhovna Rada da Ucrânia. - 1996. - No. 30.

20. Daly, H.E. Towards an Environmental macroeconomics/ H.E. Daly// The International Society for Ecological Economics. - Washington D. C., 1990, p. 3-7.

21. Daly, H. Para além do crescimento: The Economics of Sustainable Development/ H. Daly - Kyiv: Intersfera, 2002. - 312 p.

22. Daly, H. Ecological economics/ Daly H., Farley J. - Washington, DC: Island Press, 2004. - 454 p.

23. Dasgupta P.M. The Welfare Economic Theory of Green National Accounts/ P.M. Dasgupta. - Economia do ambiente e dos recursos, 2009. - № 42. - P. 3-38.

24. Davos2020: O que importava. [Recurso eletrónico] - 2020. - Modo de acesso: https://www.mckinsey.com/about-us/new-at-mckinsey-blog/davos%202020-four-big-themes

25. Eigenbrod F., et al., (2009). Benefícios dos serviços ecossistémicos de estratégias de conservação contrastantes numa região dominada pelo homem. Proc. R. Soc. B: Biol. Sci. 276, 2903-2911.

26. Erb, K.-H., Krausmann, F., Lucht, W., Haberl, H., 2009. Embodied HANPP: mapping the spatial disconnect between global biomass production and consumption. Ecol. Econ. 69, 328-334.

27. Comissão Europeia, (2011). O nosso seguro de vida, o nosso capital natural: uma estratégia de biodiversidade da UE para 2020. Comunicação da Comissão ao Parlamento Europeu, ao Conselho, ao Comité Económico e Social e ao Comité das Regiões. In: Comissão Europeia (Ed.), COM 244 final, Bruxelas. p. 17.

28. Comissão Europeia, Organização para a Cooperação e Desenvolvimento Económico, Nações Unidas, Banco Mundial, 2013. Sistema de Contabilidade Económica e Ambiental 2012, Contabilidade Experimental dos Ecossistemas.

29. Farley, Joshua, (2012). Serviços ecossistémicos: o debate económico. Ecosyst. Serv. 1, 40-49.

30. Da Física Clássica à Física Quântica / eds. B.M. Vula e E. Feinberg. - Moscovo: Editora da Academia de Ciências da URSS, 1981. - pp. 42-43.

31. Golubets M. A. (1997). A película da vida. - Lviv: Polly - 186 p.

32. Granvik M., Kropinova E. (2021). Desenvolvimento sustentável da região do Mar Báltico. Baltic Region, Immanuel Kant Baltic Federal Univ. 13 (2) 4-6p.

33. Granvik M., Franzese P., Pastorella F., Paletto A., Nikodinoska N. (2018) Avaliação da valorização e mapeamento dos serviços ecossistémicos ao nível da cidade. O caso de Uppsala (Suécia). Modelação Ecológica.

34. Pacote verde [Recurso eletrónico]. - Modo de acesso: http://cd.greenpack.in.ua/konventsi-ta-strategi/.

35. Haken G. Sinergética / G. Haken - Moscovo: Nauka, 1980 - 324 p.

36. Havrylyshyn O. Capitalism for All or Capitalism for the Chosen? Divergent Paths of Post-Communist Transformations (Caminhos divergentes das transformações pós-comunistas). - Kyiv: Academia Kyiv-Mohyla, 2007. - 384 p.

37. Holubchykov S. Alterações climáticas globais: o resultado do século XX / S. Holubchykov // Energia. - 2004. - No. 8. - P. 52-57.

38. Holubets M.A. Introdução à geossistemologia / M.A. Holubets. - Lviv: Polli, 2005. - 199 p.

39. Hryniv L. S. (2021). Princípios conceptuais da macroeconomia física para o desenvolvimento sustentável: problemas e perspectivas. https://www.researchgate.net/publication/346738340_Conceptual_ Principles_of_Physical_Macroeconomics_for_Sustainable_Develo pment_Problems_and_Prospects

40. Hryniv L. Sustainable development and Noospheric function of Economics: trajectory of possibilities and restrictions/ Hryniv L.// The Science and Culture of Industrial Ecology. - Leiden, ONU 2001. - P. 82-85.

41. Hryniv L.S. Desenvolvimento da metodologia interdisciplinar na ciência económica moderna: problemas e perspectivas / L.S. Hryniv // Formação da economia de mercado: coleção de trabalhos científicos. - Kyiv: KNEU, 2014. - No. 31. - P. 115-125.

42. Hryniv L.S. Desenvolvimento do capital natural: A Transdisciplinary Approach/ L.S. Hryniv// Methods for Solving Environmental Problems: Monografia editada por L.G. Melnyk,

O.A. Lukash. - Sumy: Sumy State University Publishing, 2014. - Edição 4. - P. 31-45.

43. Hryniv L.S. Development of physical economics: new problems and models / L.S. Hryniv // Physical economics: research methodology and Ukraine's global mission: collection of materials from the International Scientific Conference, April 8-10, 2009, Kyiv. - Kyiv: KNEU, 2009. - P. 178-179.

44. Hryniv L.S. Development of V. Vernadsky's Physico-Economic Methodology in Modern Science / L.S. Hryniv // Vernadskian Noospheric Revolution in Solving Environmental and Humanitarian Problems: [coleção de trabalhos científicos]. - Poltava: Dyvosvit, 2014. - P. 48-60.

45. Hryniv L.S. Ecological economics: a textbook/ L.S. Hryniv - Lviv: Editora "Magnolia 2006", 2010. - 360 p.

46. Hryniv L.S. Economia ecologicamente sustentável: problemas de teoria: monografia/ L.S. Hryniv - Lviv: Ivan Franko National University Publishing Center, 2001. - 240 p.

47. Hryniv L.S. Economic Potential of Non-Wood Forest Products (NWFP) of Plant Origin: Innovative Aspects for Sustainable use.- [Recurso eletrónico] - modo de acesso: https://nwfps.eu/wp-content/uploads/2012/07/Research-visit-report_finale.pdf

48. Hryniv L.S. Macroeconomic problems of sustainable development / L.S. Hryniv // Socio-economic studies in the transition period. Desenvolvimento sustentável e segurança ambiental (política regional). - Lviv: Instituto de Desenvolvimento Regional da Academia Nacional de Ciências da Ucrânia, 2000. - Edição XX. - pp. 41-48.

49. Hryniv L.S. Macroeconomic theory of sustainable development: new problems and models / L.S. Hryniv // Strategy for ensuring

sustainable development of Ukraine, National Academy of Public Administration under the President of Ukraine. - Kyiv, 2008. - pp. 46-53.

50. Hryniv L.S. New approaches to Accounting of Natural Capital and Ecosystem Services/ L.S.Hryniv// Environmental accounting and Sustainable Development Indicators. - Praga, EASDI 2007. - P. 70-77.

51. Hryniv L.S. Novos métodos para a resolução de problemas ambientais: Interpretação físico-económica / L.S. Hryniv // Métodos de resolução de problemas ambientais: Monografia editada por L.H. Melnyk, D.Sc., Prof. - [Recurso eletrónico] - Modo de acesso:
https://mer.fem.sumdu.edu.ua/content/acticles/issue_15/L_S_Hryn ivNew_methods_for_solving_environmental_problems_physical_ and_economic_interpretation.pdf

52. Hryniv L.S. (2022) Novos conhecimentos transdisciplinares para a economia do desenvolvimento sustentável. Abordagens de inovação para a formação da macroeconomia física para o desenvolvimento sustentável, LAP Lambert Academic Publishing, 2022 - 52p.
https://my.lap-publishing.com/catalog/details//store/en/book/978-620-4-73960-1/new-transdisciplinarity-knowledge-for-the-economy-of-sustainable-development

53. Hryniv L. Função Física (Negentropia) da Economia Sustentável. Problemas de avaliação // Contabilidade ambiental - indicadores de desenvolvimento sustentável. - Praga: EMAN, 2009. - 115 p.

54. Hryniv L.S. Physical Economics and Accounting of Sustainable Development Indicators/ L.S.Hryniv// Contabilidade ambiental e

indicadores de desenvolvimento sustentável. - Praga, EASDI, 2009. - P. 38- 45.

55. Hryniv L. S. (2016). Economia física: novos modelos de desenvolvimento sustentável. Monografia. Lviv, Liga-Press, 2016, - 424 p.

56. Hryniv L.S. Spatial Sustainability: Uma Tentativa de Análise Macroeconómica Física. LAP Lambert Academy Publishing, 2023 https://my.lap-publishing.com/catalog/details/store/en/book/978-620-6-18489-8/spatial-sustainability

57. Hryniv L.S. Problemas teóricos e metodológicos da economia regional / L.S. Hryniv // Coleção de trabalhos científicos da Universidade de Bukovinian. Ciências económicas. - Chernivtsi: Knyhy - XXI, 2008. - Número 3. - P. 24-32.

58. Hryniv L.S. (2009). Abordagem transdisciplinar da sustentabilidade: novos modelos e possibilidades/ L.S. Hryniv// Ecological Economics and sustainable forest management/ ed. I.P. Soloviy e W.S. Keeton. I.P. Soloviy e W.S. Keeton. - UNFUP. - L., 2009. - P. 85-97.

59. Hryniv L. A macroeconomia física (espacial) no sistema da ciência económica fundamental // Visnyk da Universidade de Lviv. Série Economia. 2021. Edição 61. P. 7-26 [Recurso eletrônico] - Modo de acesso ao recurso: http://publications.lnu.edu.ua/bulletins/index.php/economics/article/view/11751/12120

60. Granvik M., Hryniv L. Um quadro físico e económico para a criação de um sistema de gestão preventiva das alterações climáticas // Visnyk da Universidade de Lviv. Série Economia. 2023. Edição 64. [Recurso eletrónico] - Modo de acesso ao recurso:

http://publications.lnu.edu.ua/bulletins/index.php/economics/articl e/view/11833/12201

61. Häyha T., Franzece P., Paletto A., B. Fath (2015)// Ecosystem Services. -14. p. 12-23.

62. J. Aslaksen, S. Nybø, E. Framstad, Per Arild Garnåsjordet, O. Skarpaas. (2015) Biodiversidade e serviços ecossistémicos: The Nature Index for Norway. /Ecosystem Services, Elsevier, vol. 12, páginas 108-116.

63. Kissinger, M., Rees, W.E., 2010. An interregional ecological approach for modelling sustainability in a globalizing world- Reviewing existing approaches and emerging diretions. Ecol. Modell. 221, 2615-2623.

64. Kennedy M. Dinheiro sem juros e inflação [Recurso eletrónico] / M. Kennedy. Modo de acesso:

https://malchish.org/lib/economics/kennedi_bez_procentov.htm

65. Planeamento paisagístico na Ucrânia / [L.H. Rudenko, Ye.O. Maruniak, O.H. Holubtsov et al.]; ed. por L.H. Rudenko. - K.: Referat, 2014. - 144 p.

66. Mankiw G. Macroeconomia: Traduzido do inglês por S. Panchyshyn et al. - K.: Osnovy, 2000 - 588 p.

67. Nybø, S., Certain. G., Skarpaas, O., (2012). The Norwegian Nature Index - estado e tendências da biodiversidade na Noruega. Nor. Geogr. Tidsskr.-Nor. J. Geogr. 66, 241-249.

68. Nicolis G. Complexidade: Introdução / G. Nicolis, I Prigogine. - Moscovo: Mir, 1990. - 342 p.

69. Nicolis G. Self-Organization in Non-Equilibrium Systems / G. Nicolis, I. I Prigogine. - Moscovo: Mir, 1979. - 512 p.

70. Nijnik M. Contabilização das incertezas e da preferência temporal na análise económica do combate às alterações climáticas através

da silvicultura e implicações políticas selecionadas para a Escócia e a Ucrânia/ Nijnic M. - Climatic Change. - №124. - 2014 - P. 677-690

71. Nijnik M. Economics of climate change mitigation forest policy scenarios for Ukraine/M. Nijnik - Política Climática 4(3), - 2004, P. 319-336

72. Odum E. Ecologia: em 2 volumes / E. Odum. - Moscovo: Mir, 1986. - Vol. 1. - 376 p.

73. Sobre o Programa de Formação da Rede Ecológica Nacional da Ucrânia para 2000-2001. Lei da Ucrânia // Correio do Governo - 2000 - 8 de novembro.

74. Agricultura biológica e segurança alimentar (IFOAM Dossier +, 2002) [Recurso eletrónico]. - Modo de acesso: http://www.ifoam.org.

75. Osipov A.I. (1986). Auto-organização e caos (Ensaio sobre termodinâmica de não-equilíbrio)/ A.I. Osypov. - M.: Znanie, 65 p. (ukr)

76. Patyka M.Y. (2014). Problemas modernos de biodiversidade e mudanças climáticas / Herald of agrarian sciences, p. 5-10.

77. Podolynsky S.A. Obras selecionadas / S.A. Podolynsky; compilado por L.Ya. Korniychuk. - Kyiv: KNEU, 2000. - 328 p.

78. Perelman A. I. (1973). Geochemistry of the biosphere M.: Nauka, 168 p.

79. Relatório da Conferência das Nações Unidas sobre Desenvolvimento Sustentável (Rio de Janeiro, Brasil, 20-22 de junho de 2012).

80. Rubin A.B. Biofísica. Livro 1. Biofísica Teórica. A.B. Rubin. - Moscovo: Escola Superior. 1987. - 319 p.

81. Rudenko M. Energia do Progresso. M. Rudenko. - Kyiv: Molod, 1998. - 527 p.

82. S. Milevska. (2016). Potencial de produção da fotossíntese no ecossistema da baixa montanha de Pokutya /Visnyk da Universidade de Dnipropetrovsk, p. 15-25

83. Objectivos de desenvolvimento sustentável: objectivos e indicadores. [Recurso eletrónico] - Modo de acesso ao recurso: https://www.ua.undp.org/content/ukraine/uk/home/library/sustainable-development-report/sustainable-development-goals--targets-and-indicators.html

84. Sustainable Development of Ukrainian Regions / supervisor científico M.Z. Zgurovsky - Kyiv: NTUU KPI, 2009.

85. Transformar o nosso mundo: A Agenda 2030 para o Desenvolvimento Sustentável. [Recurso eletrónico] - Modo de acesso ao recurso: https://www.ua.undp.org/content/ukraine/uk/home/library/sustainable-development-report/the-2030-agenda-for-sustainable-development.html

86. Tunytsa Yu. (2002). Constituição Ambiental da Terra. Ideia. Conceito. Problemas. - Lviv: I. Franko LNU Publishing Center, 2002 - 298p.

87. A participação da Ucrânia na Convenção-Quadro das Nações Unidas sobre as Alterações Climáticas. [Recurso eletrónico] - Modo de acesso ao recurso: https://ecoindustry.pro/avtorski-statti/uchast-ukrayiny-v-ramkoviy-konvenciyi-oon-z-pytan-zminy-klimatu

88. PNUA, (2010). O Plano Estratégico para a Biodiversidade 2011-2020 e as Metas de Biodiversidade de Aichi. Decisão PNUA / CBD

/ COP / DEC / X / 2, adoptada pela Conferência das Partes da Convenção sobre a Diversidade Biológica.

89. Vernadsky V. I. (1939). Problemas de Bioquímica. Edição 2, M., Nauka.

90. Vernadsky V. I. (1997). O pensamento científico como fenómeno planetário. M, NEF, - 265 p.

91. Vernadsky V.I. Matéria viva / V.I. Vernadsky. - Moscovo: Nauka, 1978. - 357 p.

92. Vernadsky V.I. Reflexões de um naturalista O pensamento científico como fenómeno planetário / V.I. Vernadsky. - Moscovo: Nauka, 1977. - Vol. 2. - 191 p.

93. O que precisamos de conseguir na COP26?[Recurso eletrónico] - Modo de acesso ao recurso: https://ukcop26.org/cop26-goals/

94. O que esperar das negociações internacionais sobre o clima COP26 em Glasgow. [Recurso eletrónico] - Modo de acesso ao recurso: https://ua.boell.org/uk/2021/10/25/choho-slid-ochikuvaty-vid-mizhnarodnykh-klimatychnykh-perehovoriv-cop26-u-glazgo

95. WITHCOP26 [Recurso eletrónico] - Modo de acesso ao recurso: https://ukcop26.org/

96. Pegada mundial [Recurso eletrónico]. - Modo de acesso: http://www.footprintnetwork.org/en/index.php/GFN/page/world_footprint/

97. WWF. Relatório Planeta Vivo (2014). Espécies e espaços, pessoas e lugares. [McLellan R., Iyengar L., Jeffries B. e Oerlemans N. (Eds)]. WWF, Gland, Suíça.

98. Yukhnovski I. Termodinâmica e estabilidade do sistema político/ I. Yuknovski// Universum. - 1998. N.º 3-4. - P. 22-24

Índice

Introdução 1

1.1.Sistemas Ecológico-Sócio-Económicos (SEE) da Terra como objeto de investigação e modelização na Macroeconomia Física Moderna 4

1.2.O orçamento energético da Terra e os problemas de reprodução do sistema ecológico e socioeconómico planetário (ESES) 22

1.3.Os fundamentos da teoria físico-económica do desenvolvimento sustentável do ESES da Terra 40

1.4.Investimentos Energéticos Espaciais no ESES da Terra 53

1.5.Teoria do Valor e Problemas de Determinação da Avaliação Monetária da Película da Vida na Macroeconomia Física 64

1.6.Custo físico e económico das funções de apoio do ecossistema terrestre 91

1.7.Modelação física e económica e ordenamento do território para uma nova política climática local na ESES 100

1.8.Política monetária e mercado da superfície terrestre Produtividade natural: problemas de equilíbrio 112

Conclusões 124

Lista de referências 135

Printed by Books on Demand GmbH, Norderstedt / Germany